# 茶与健康

饮茶健康与健康饮茶

静清和 著

九州出版社
JIUZHOUPRESS

图书在版编目（CIP）数据

茶与健康 / 静清和著. --北京：九州出版社，
2022.12（2023.12重印）
（静清和作品）
ISBN 978-7-5225-1490-1

Ⅰ. ①茶… Ⅱ. ①静… Ⅲ. ①茶－关系－健康－通俗
读物 Ⅳ. ①TS971-49

中国版本图书馆CIP数据核字（2022）第230263号

## 茶与健康

| | | |
|---|---|---|
| 作　　者 | 静清和　著 | |
| 选题策划 | 于善伟 | |
| 责任编辑 | 毛俊宁 | |
| 封面设计 | 吕彦秋 | |
| 出版发行 | 九州出版社 | |
| 地　　址 | 北京市西城区阜外大街甲35号（100037） | |
| 发行电话 | （010）68992190/3/5/6 | |
| 网　　址 | www.jiuzhoupress.com | |
| 印　　刷 | 北京捷迅佳彩印刷有限公司 | |
| 开　　本 | 880毫米×1230毫米　32开 | |
| 印　　张 | 10.75 | |
| 字　　数 | 300千字 | |
| 版　　次 | 2023年3月第1版 | |
| 印　　次 | 2023年12月第2次印刷 | |
| 书　　号 | ISBN 978-7-5225-1490-1 | |
| 定　　价 | 88.00元 | |

## 正本清源说茶真

　　时光如梭，光阴似箭。从 2014 年的《茶味初见》出版，到今年的《饮茶小史》付梓，春去冬来，不觉十余年矣。板凳甘坐十年冷。十余年来，我几乎放弃了所有的娱乐及社交活动，不是在茶山做茶，就是在灯下写稿，只为专心把自己要写的系列茶书写完。门前的枝柯绿了又黄，黄了还绿，而我却早已两鬓斑白、双目昏花。其中甘苦，冷暖自知。

　　在近代中国的茶界上下，包括一些学者，但凡谈及茶，必然会提到神农、三皇五帝与诸多神话传说，似乎言及的历史越久远，则表征自己于茶的研究或理解越深刻，这其实是非常荒唐与可悲的。对于这些乱象，西汉刘安在《淮南子》卷十九中，早已一语道破。其中写道："世俗之人，多尊古而贱今，故为道者，必托之于神农、黄帝而后能入说。"古人尚且明白的道理，习茶的今人，却将这些经不起推敲与反问的神话、传说奉为圭臬，且以讹传讹、人云亦云，岂不更加荒谬？鉴于此，我便从2008年伊始，在当时的茶论坛及新浪博客，撰写了多篇持不同观点的文章，意在拨乱反正，并以节气为纲，谨遵四时之序，持续写下了应怎样按照二十四节气的变化，去顺时应序、健康喝茶的系列文章，后结集成为我的首部茶书《茶味初见》。此后，又陆续出版了《茶席窥美》《茶路无尽》《茶与茶器》《茶与健康》《饮茶小史》等专著。

著作虽然不多，其中也可能存在着诸多不足，但却凝聚着我十余年来执着于茶的心血与汗水。在日常的交往中，经常会有朋友、学生问起，这六本书应该怎样去阅读？是否存在着先后的顺序？作为作者，我认为：习茶一定先从最优质的茶喝起，依照先好后次的顺序，在建立起必要的审美与正确的口感之后，茶之优劣，豁然确斯。因此孟子说："故观于海者难为水，游于圣人之门者难为言。"而读茶书，则宜遵循先难后易、先专业后休闲的原则，以理性客观、专业系统的知识为保障，此后的所学，才不容易被碎片化、江湖化、鸡汤化的信息所带偏。假如阅读放弃了系统性、深刻性，不仅于己无益，而且还可能会堕入低级、反智的陷阱之中。倒餐甘蔗入佳境，柳暗花明又一村，不才是读书、学习的最佳感觉吗？

面对《茶味初见》《茶席窥美》《茶路无尽》《茶与茶器》《茶与健康》《饮茶小史》，可先通读《茶路无尽》，把六大茶类的本质及茶类起源的相互影响了解清楚，建立起茶的基本知识与框架之后，再读《茶与健康》，就能更本质地去认知茶，端正和培养健康的饮茶理念，始可正本清源。当洞悉了茶的本质以后，自然就会对泡茶的原理了然于心，此时去读《茶席窥美》，有意识地运用人体工学原理，在人、茶、器、物、境的茶道美学空间里，去感受茶与茶器惠及我们的身心愉悦、美学趣味，才能使我们的日常生活艺术化、审美化。

当对实用且美的茶器，有了初步的认知之后，若再去系统地阅读《茶与茶器》，就能清楚，针对不同的茶类，应该怎样去正确地辨器、择物？也会了解制茶技术与饮茶方式的进步，是如何交互影响到茶器的设计、应用及演化的。而贯穿于饮茶历史中的茶与茶器的鼎新与变化，能让我们一窥千百年来古人吃茶的风景及审美的变迁。此后，再读《饮茶小史》，就会通晓煮茶、煎茶、点茶、泡茶之间的深层关联和区别，也会理解浮生日用的果子茶、文人茶及工夫茶之间的演化规律及逻辑关系。

厚积落叶听雨声。当透彻理解了茶与茶器的底蕴，就能充分地去享受因茶而生的茶道美学，在四时的光影里，依照节气的变化，从立春到立冬，在每天的一盏茶里，去领略蕴含在二十四节气中的茶汤与茶席之美，生活便因茶而产生了超越庸常的悦人之美，以此抗拒人生所可能遭遇到的诸多无奈、无聊、无趣、无味。至此，上述六本书的内容，就可以构成一个相互解读、相互补充、相互参照、相互印证的较为完整的知识体系。在知识碎片化、阅读碎片化的当下，这套知识体系较为完整、思想较为独立、视角较为独特的全新纸质茶书的出版，便凸显出了其特殊的价值与意义。

窗前明月枕边书。尤其是珍藏一套知识体系较为完整且有一定深度的茶书，闲暇光阴里，茶烟轻飏，披读展卷，书香、茶香，口齿噙香，是尘俗里的洗心之药；世味、茶味，味外之味，是耐得住咀嚼的浮世清欢。

静清和

2022 年 11 月 18 日

序

　　《茶与健康》是我多年来一直想写，却始终不敢轻易动笔的一本书。吾有志于茶与学，五十而知天命。近天命之年，在对茶的理解与认知稍觉通透之后，始敢将所历、所学、所思、所悟，条分缕析、付诸笔墨，可谓十年磨一剑。

　　世人只知喝茶健康，却很少思及健康喝茶。其实，喝茶健康与健康喝茶，是两个迥然相异的概念。很多人起初选择喝茶，是为了健康所需，最终却事与愿违。其根本原因，在于忽视了健康喝茶的基本常识。纵览古今，我们遭遇的很多困惑和苦难，都源于对常识的缺乏。什么是常识呢？常识就是通过简单的知觉和事实，做出的正确而明智的判断。当今时代的信息碎片化，在给我们带来无数便捷的同时，泥沙俱下，也会带来诸多似是而非的迷惘与困扰，尤以过度商业化的茶界为甚。究竟应该怎样去健康喝茶，哪些是对，哪些是错？这就亟需从茶与饮茶的基本常识着手，搭建相对完整的知识体系，端正健康喝茶的基本理念，始能正本清源，明辨是非。这也是我坚持不懈撰写该书的动力与初心。

　　本书以中医的视角系统思考，从生化的层面深入剖析，层层抽丝剥茧，把茶与饮茶最真实、最本质的一面，通过证据链条，力求准确无误地表达出来。通过系统梳理历代中医文献，澄清历史迷雾，厘清茶亦食亦药的发展脉络，并从茶的起源、制作技术的发展、不同时代的品饮方式等诸多方面，对六大茶类进行深入探讨，以便寻找出茶性的变化规律及对人体健康造成的种种影响。经过对古往今来煮茶、煎茶、点茶、泡茶等品饮方式的探究，从本质上理清了各种饮茶方式之间的发展脉络及相互影响，并对不同的饮茶方式进行了具体的比较分析。同时，定性定量地提出了有据可查、审慎合理的健康品鉴方式与饮用标准。以翔实准确的数据，告诉大家如何去选择适合自己的茶，怎样健康、理性地去喝茶？

　　纵观茶之本质，无论制茶技术怎样发展，茶的功效，都是以咖啡碱为主导的、其他成分共同参与的稳定组分在起作用。因此，对茶的研究和认知，一定要放到"以咖啡碱为统帅的稳定组分"这个视域下，得出的结论才有可能是正确的，才最接近茶的实相。由此归纳出的诸多独立而崭新的观点，必将推动大家对茶与健康饮茶的重新判断与思考。

细茶宜人，粗茶损人。茶主于甘滑，这是宜人良茶的共性。饮茶少则醒神思，多则精血亏虚，暗中伤人。陆羽提出的"茶之为用，味至寒，为饮最宜精"，与我常念叨的"喝好茶，少喝茶，喝淡茶"，本质上是一脉相承的。世人只知饮茶好，而不知过饮之害。从唐代茶道大家常伯熊，到明代医学大家李时珍，曾为茶所伤的人不计其数，故李时珍特别强调："民生日用，蹈其弊者，往往皆是，而妇妪受害更多，习俗移人，自不觉尔。"若是沉醉其中，而又执迷不悟，就容易为茶所损。物无美恶，过犹不及。因此，以古为鉴，悬崖勒马，犹未晚也。不惟是茶，万事万物，格物明理，心有敬畏，行有所止，方为智慧。见微知著，抛砖引玉，期冀该书能成为一剂诫饮戒贪的清凉剂。

本书与已出版过的《茶味初见》《茶席窥美》《茶路无尽》《茶与茶器》，可以相互印证，融会贯通，共同构成一个完整的知

识体系，便于大家从多个层面、多个角度去认知茶，健康而优雅的
瀹茶、品茶。

　　此书能早日付梓，有赖于编辑于善伟先生的策划、统筹。感谢
华东师大高一琳百忙之中的辛苦校对。女儿漱玉对本书的写作亦有
贡献。特此一并致谢。

　　才疏学浅，不尽之处，望诸君不吝赐教。


静清和

2018年10月10日 于静清和茶斋

目
录

《本草经》里并无茶

只要敢于像茶的杀青工艺那样，在火与热的洗礼中去芜存菁，求真存美，最终一定会拨云见日。

翻开历史的篇章，寻迹浩繁卷帙里的茶之正脉，就须"不畏浮云遮望眼"。探源寻真，道阻且长，但是，只要敢于像茶的杀青工艺那样，在火与热的洗礼中去芜存菁，求真存美，最终一定会拨云见日，行则将至。

一提到茶的起源，大家耳熟能详，都会记得："神农尝百草，日遇七十二毒，得茶以解之。"并且言之凿凿地宣称，此语出自我国最早的中药著作《神农本草经》。可是，在我查阅了各种版本的《神农本草经》，包括我家祖传的两个线装版本之后，却没有找到一丝一毫关于茶的记载，这很令我意外与失落。

《神农本草经》作为中医四大经典著作之一，共收录了365味中药，其中植物药252种，确实没有把茗茶囊括在内。在此书内，也没有寻觅到关于"茶解七十二毒"的只言片语。也可能古时的版本曾经有记，在之后版本的不断编辑中亡佚了。但至少到今天为止，我的确没能从该书中查寻到。看不到的莫须有，不能随意引用，更不可人云亦云。

　　清代孙星衍辑佚的《神农本草经》，只是在"苦菜"的注解中，罗列了"苦菜"可能是"茶"的猜测，并且在南朝陶弘景的注解里，仅说苦菜"疑此即是今茗"，他也不敢十分肯定苦菜一定是茶。清代以降，受此影响，部分文人的关于茶的著作，便把苦菜的功效，想当然的误以为是茶的功效。于是乎，"味苦寒，生川谷。治五脏邪气，厌谷胃痹。久服，安心益气，聪察少卧，轻身耐老。"（《神农本草经》）便被张冠李

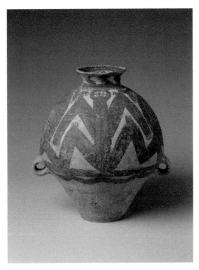

新石器时期马家窑彩陶

戴，广泛引用，袭以成弊。明代李时珍著述的《本草纲目》，并没有把上述《神农本草经》中、关于"苦菜"的功效强加于茶，便是有力的佐证之一。

我们再来看一下《神农本草经》的成书年代，多位研究者认为，此书是集医药大成于先秦两汉之间，但从该书以阴阳五行指导药物配伍、阐明药性理论来看，该书应是汉代今文《尚书》学派流行以后的产物。从西汉的"心为土脏"改为"心为火脏"的认知飞跃，能够窥见《神农本草经》的真正成书时间，应是东汉光武帝以赤符受命、立火德为国运以后的事情了。清代姚际恒《古今伪书考》也认为："汉志无《本草》，按《汉书·平帝纪》，诏天下举知方术本草者。书中有后汉郡县地名，以为东汉人作也。"

西汉（公元前59年）王褒《僮约》有"脍鱼炰鳖，烹茶尽具""牵犬贩鹅，武阳买茶"的记载。《僮约》讲的无论是"茶"，还是"荼"，至少说明，在公元前的西汉，已经有茶或荼存在了。而在东汉成书的《神农本草经》里，实在没有必要把"茶"类，在官方的重要典籍中称之为"苦菜"，这不符合名物历史的基本逻辑与时人的基本认知规律。

西汉《淮南子·修务训》写道：神农"尝百草之滋味，水泉之甘苦，令民知所辟就，当此之时，一日而遇七十毒。"其后文并没有"以茶解毒"的记载。而"《本草》则曰：神农尝百草，

一日而遇七十毒，得茶以解之，今人服药不饮茶，恐解药也。"这段话的出处，从文献上考证，最早见之于清初陈元龙的《格致镜原》。从以上两段近似的记载对比审视，陈元龙可能引用并衍伸、发挥了《淮南子》的内容。陈元龙所引用的《本草》典籍，究竟是哪一个版本的哪本医药著作，至少到今天，我们还不得而知。

如果说在传抄脱佚的《神农本草经》中，有关于"得茶而解毒"的记载，那么，唐代陆羽在《茶经·之事》一章中，不可能不去引用这一重要论断。鉴于此，他在《茶经·之饮》中只写道："茶之为饮，发乎神农氏，闻于周鲁公。"陆羽在表述茶的功效时，也只引用了最早的《神农食经》的记载："茶茗久服，令人有力，悦志。"可见，陆羽著书立说、修史治学，对文献的引用和取舍，是非常严谨缜密的。

陆羽《茶经》认为的，茶"发乎神农氏"，这一观点，我是赞同并认可的。在农耕刚刚萌芽的时代，古老而聪敏的先民们，在寻觅到的一切能够果腹的食物时，在比较试吃和遴选的过程中，偶然发现了茶的存在，期间，误吃有害植物或食物中毒的可能性，都非常之大。那究竟谁是真正的神农氏呢？个人以为，一定是试吃在第一线，并随时可能付出生命代价的劳苦大众们。其后，在长期的生活实践中，总结出了丰富的食疗经验和心得体会，然后冠以神农或者更伟大的黄帝之名，意在溯源崇本，借以说明中国医药文化发祥之早之崇高。《淮南子》说得好："世俗之人，多尊古而贱今，故为道者必托之于神农、黄帝，而后能入说。"

苦茶久食益意思

茶最终还会由药到食，重新恢复茶的悦志、不寐、以预防保健为主的本来面目。

在清代以前的《神农本草经》中，虽然没有收录"茶"，也没有"茶解七十二毒"的记载，但是，这并不影响茶能解毒的正确与有效性。我们知道，茶之滋味的苦，决定了茶的寒性。茶能解毒，首先体现在茶能以寒胜热，可以祛除热毒；咖啡碱能够促进人体的新陈代谢，加快体内有害物质的排出速率。其次，茶是碱性的，可以中和体内的酸性物质。第三，茶能杀菌、消炎、抗辐射，可以通过沉淀作用，祛除体内的铅、铬、汞等重金属的毒害。

在远古时代以及中医传统中，曾经药、毒不分。西汉以前，将"毒药"作为一切药物的总称，故在《周礼·天官冢宰》中，有"医师掌医之政令，聚毒药以共医事"的记载。古人意识里的"毒"，是广义的，旨在说明药物的偏性程度。药之所偏，谓之毒，并非我们今天所讲的、有毒害作用的狭义的"毒"。《黄帝内经》有"毒药攻邪，五谷为养"的记载。明代张景岳

《类经》也讲："药以治病，因毒为能，所谓毒者，因气味之偏也。""病在阴阳偏胜耳。""大凡可辟邪安正者，均可称为毒药，故曰毒药攻邪也。"

"荼茗久服，令人有力，悦志。"可视为古人最早对茶叶功效的基本认知，也是经陆羽《茶经》确认过的最早文献记载。茶宜常饮，使茶汤中的药理成分，在人体内长期保持适当的稳定的有效浓度，即是"荼茗久服"的意义。只有久服，茶的保健和药理作用才会明显见效。持之以恒，待以时日，茶叶中富含的钾，会使肌肉有力；咖啡碱等物质会使血液循环增强，并提高人体的新陈代谢功能，所以"令人有力"。而生物碱的兴奋作用、茶氨

酸的镇静作用以及芳香物质的醒神作用等等，协同共济，使茶表
现出良好的旷心怡神、四体同泰的"悦志"的功效。从以上分析
可以看出，古人最早对茶的认知，并没有涉及更为深刻的药用，
仍仅停留在体验式的愉悦感受层面。

　　东汉末年，华佗在《食论》中认为："苦茶久食，益意思。"
华佗强调的也是久服，从此以后，茶的药用滥觞肇迹。茶的苦，
主要是咖啡碱的滋味，常饮苦寒泻火。心主神志，心火清则头目
明，提神醒脑。特别是茶氨酸，降压安神，有促进大脑功能和神
经生长的良效。二者一阴一阳，相互抑制，共同构成阴阳平衡的
两个方面。二者协同促进思考，改善记忆，故能"益意思"。一

阴一阳之谓道，咖啡碱与茶氨酸二气相感，构成了茶之大道的物质基础。

在后世茶疗的文献中，被引用较多的是张仲景的"茶治脓血甚效"一句，这纯粹是后人的穿凿附会，子虚乌有。在张仲景的《伤寒杂病论》一书里，我始终查不到对茶的任何记载。茶治热毒下痢的方子，出自唐代著名妇产科专家昝殷的《食医心镜》，其中记载："以好茶一斤，炙捣末，浓煎一、二盏服。久患痢者，亦宜服之。"关于这段记载的出处，也并非是诸多人误认为的孟诜的《食疗本草》。对于痢疾，中医认为是内伤饮食不洁、外感湿热疫毒所致。因此，茶的苦寒燥湿、泻火、解毒、杀菌等综合作用，对于痢疾有一定的预防和治疗作用。昝殷的这个处方，为后世的姜茶配合治疗痢疾，提供了很好的思路。

从东汉一直到公元659年的盛唐，由苏敬主持编纂的官修《新修本草》（以下简称《唐本草》），丰富和增加了茶叶的诸多药效，但是，他们并没有机械地把《神农本草经》记载的"苦菜"与茶叶混为一谈，而是很严谨地把茶叶列为木部上品，把"苦菜"列为菜部的卷下，由此可知，《神农本草经》记载的"苦菜"，并非是指茶叶。这也是除陆羽之外的更有力的认知证据之一。

《唐本草》是中国第一部由政府颁布的具有法律效力的药典，属于世界上最早的药典，也是中古时期中国中医药学发展的里程碑。据《唐本草》记载："茗，苦茶。茗，味甘苦，微寒无毒、主瘘疮，利小便，去痰热渴，主下气，消宿食。下气消食，作饮，加茱萸、葱、姜良。"《唐本草》对饮茶的建议是："作饮，加茱萸、葱、姜良。"这就为唐代煮茶、煎茶时，添加辛温的调料以平衡茶的苦寒，提出了明确的指导性的意见。此后，唐代孟诜的《食疗本草》写道："茗叶利大肠，去热解痰，煮取汁，用煮粥良。又茶主下气，除好睡，消宿食，当日成者良。"孟诜对茶的认识，与《唐本草》比较，增加了清热以利大肠、治疗便秘以及兴奋提神的功效。孟诜记载的制茶"当日成者良"，一直影响到近代。这也是古人不接受红汤茶的根本所在。

公元739年，唐代大医学家陈藏器，在《新修本草》与《食疗本草》的基础上，对茶的认知又新增了非常重要的观点。他在《本草拾遗》写道："茗、苦茶：寒，破热气，除瘴气，利大小肠，食之宜热，冷即聚痰。茶是茗嫩叶，捣成饼，并得火良。久食令人瘦，去人脂，使不睡。"陈藏器首次提出了茶"去人脂"的减肥功效。尤其是他的饮茶宜热的观点，值得借鉴，令人深思。饮茶宜热，当然也不能过热。我们知道，茶汤刚刚倾出的温度，一般为85℃左右。人体的食道黏膜比较脆弱，对温度不太敏感，其最高耐受温度为50℃～60℃。国际癌症研究机构认为：常饮65℃以上饮品（如咖啡、茶等），反复烫伤食道黏膜，可能会引发食道癌。因此，健康合理的饮茶温度，最好不要超过60℃

为宜。而最新的医学研究，揭示了促进食管鳞状细胞癌的发生机制，提出了其热激活温度为54℃，值得饮茶人重视。

饮茶宜热无灼灼，同样也需寒无沧沧，这是非常重要的中医食忌理论。以茶汤之热来平衡茶的寒性，畅发茶香，去性存用，方能得饮茶之妙。如果常饮冷茶，会使湿气在体内积聚，容易造成痰湿体质。李时珍曾高度评价陈藏器："自本草以来，一人而已。"而陈藏器，这位八世纪最伟大的药物学家，其对健康饮茶方式的忠告，在今天听来，仍是振聋发聩，发人深省的。

关于"诸药为各病之药，茶为万病之药"这一对茶的重要论断，诸多传说都认为是语出陈藏器，我详细查阅过他的《本草拾遗》，遗憾的是，在其原著中并没有找到该段论述。查阅不到，也是事出有因的。因为陈藏器的《本草拾遗》，原著曾有十卷，早已不知佚于何时。而我们今天读到的《本草拾遗》，是近代才从《医心方》《开宝本草》《嘉祐本草》《证类本草》等古籍中搜集整理出来的。

日本的荣西禅师，在他的著作《吃茶养生记》里写道："《本草拾遗》云：贵乎茶哉，上通诸天境界，下资人伦。诸药各治一病，唯茶能治万病而已。"荣西禅师曾于宋代两度来到中国，把中国佛教的临济一宗和饮茶文化带到日本，被尊为日本的茶祖。从荣西禅师的著作里，尚能看到《本草拾遗》某些遗存的影子，是我们的荣幸。今人不见古时月。或许荣西禅师在宋代，曾经读过《本草拾遗》的原始版本，否则，以荣西禅师所居的历史地位和作为出家人的严谨而不妄语，他是不会随意引用此论的。

中药之所以为药，大多都具有偏性，或偏寒或偏热。中医治病的依据，就是利用药物的寒热偏性，去调整身体的偏热偏寒，通过纠偏使之达到阴阳平衡，"阴平阳秘，精神乃治"。因此，药为各病之药。也就是说，药都是针对某一种疾病的。那茶为万病之药，又当如何理解呢？这并不意味着茶，可以治疗具体的一万种病。它的内涵是指：通过合理饮茶，能够预防人体可能发生的形形色色的多种疾病。防微杜渐，饮茶突出和强调的是其独特的预防保健作用。其重大意义，类似于《黄帝内经》的伟大之处，洋洋洒洒数十万言，它只记载了13个很简单的药方，其治病理念，并不主张药在病先。上古之人的智慧与胸襟博大，就体现在这里。他们意识到人类的诸多疾病，是完全可以靠自身的机能去调节痊愈的，故不主张服用太多的药物，正如"上医治未病"。他们通过《黄帝内经》一书，系统阐述了朴素的自然与生命哲学，传递给众生的，是一种养生、贵生的更高层次的生活理念，防患于未然。掌握了正确的健康喝茶的精髓，通过预防和保健作用，可以悄无声息地把诸多疾病消灭在萌芽状态。如《素问·四气调神大论》所讲："是故圣人不治已病治未病，不治已乱治未乱，此之谓也。夫病已成而后药之，乱已成而后治之，譬犹渴而穿井，斗而铸锥，不亦晚乎。"古人这种高尚悲悯的预防理念和养生智慧，与当前的西医治疗方式，是截然不同的，"下医治大病"。

从以上记载可以看出，尽管在诸多古籍中，列举了很多关于茶的药效，但是，我们同时也能看到，茶几乎没有作为一个单方，去明确有效地治疗某一种疾病的，因此，茶并不完全属于药的范畴。尽管历史上茶的发展，曾由食到药，或药食并用过，但是，随着社会的发展和科学技术的进步，茶最终还会由药到食，重新恢复茶的悦志、不寐、以预防保健为主的本来面目。茶并不能代替药物治疗，这是作为现代人应该具备的基本常识。患病期间，一定要及时地去调理、治疗，不能贻误病机，使小疾转成危笃。等疾病痊愈了，再去充分地调整自己的身心、味蕾，愉悦自在地享受品茗之美。饭软茶甘万事忘，一种馨香满面熏，这才是科学饮茶的养生祛病理念。

# 茶性寒凉是本质

从古至今，茶的功效归纳起来，主要包括解渴、醒睡、消食、利尿、解热痰、利大肠、悦志等。

茶甫一问世，就是以"苦""寒"等面目出现的。在传统文献和中医典籍里，从古至今，茶的功效归纳起来，主要包括解渴、醒睡、消食、利尿、解热痰、利大肠、悦志等。这些功效，无一不是以茶的"热则寒之"，作为基本用药规律的。

寒、热、温、凉，是传统中药的四种特性。而药物的寒、凉、温、热，是从药物作用于人体所产生的反应中概括出来的，四者之间所表达的，只是反应程度的不同而已。

现代研究认为，热性中药的总蛋白含量、总糖含量，是高于寒性中药的。山东中医药大学对寒热中药的研究证实：热性中药总氨基酸含量的均值，是寒性中药的1.32倍。也有对知母、大黄等20味中药的研究表明：其中所含的蛋白质、总氨基酸、总脂、总糖、多糖、单糖等初生物质，与中药的温热药性具有一定的相关性。辛温发散的香气，多属温热；某些无机盐在化学反应中，得失电子较难的，往往表现为寒性，如食盐（NaCl）；苦寒药中

多含有生物碱、苷类等。综合以上研究可知，茶中的蛋白质、脂类、糖类、芳香物质等，与茶的温热性密切相关；而茶叶的寒性表现，主要是由苦味物质咖啡碱决定的。[1]

南方生嘉木。茶树的喜湿耐阴，对其寒性物质的生成，起到了主导作用。而茶叶滋味的苦，就意味着寒。清代医家王孟英《随息居饮食谱》中说："苦瓜青则苦寒，涤热、明目、清心。""熟则色赤，味甘性平，养血滋肝，润脾补肾。"可见，在阳光下合成积累的甘味物质，可以改变苦瓜的寒性。另外，并

---

1 冯帅等.氨基酸含量与寒热药性相关性研究与统计分析.中国实验方剂学杂志，2010(11)：91—95.

不是所有的苦味物质，都是寒性的。判断药物的寒温偏性，首先要看该物质作用于人体的感觉，其次还要看寒、温物质的浓度配比。如艾叶，苦而芬芳，当燥烈的芬芳、发散超过其滋味的苦性，艾叶的整体特质，就会表现为辛温。因此，茶叶的寒性，主要是由茶树的生长环境及其苦味物质决定的；而溶于水的茶汤的寒温变化，则是由茶汤内寒、温物质的比例浓度及其存在形式决定的。

茶叶的苦味，主要是由咖啡碱、可可碱、茶碱等生物碱决定的，其中以咖啡碱的含量最高，约占茶叶干重的2%～4%，其他两种嘌呤碱的含量极低，可忽略不计。另外，茶的苦味，还与花青素的含量高低有关。夏秋季的茶偏苦涩，咖啡碱的含量高是主要原因，花青素的含量相对偏高，也是一个重要因素。

以明代49种中医典籍对茶的记载分析，言茶性寒的有4条，微寒的有35条，言茶性凉的有1条，其中，言茶温性的共有3条，并全部指向四川的蒙顶茶。蒙顶茶真的是温性的吗？蒙顶茶性温之说的最早记载，来自五代毛文锡《茶谱》里讲到的治疗寒症的传说。对此，李时珍在《本草纲目》"石蕊"一条，写得非常清楚。他说："今人谓之蒙顶茶，生兖州蒙山石上，乃烟雾熏染，日久结成，盖苔衣类也。彼人春初刮取曝干馈人，谓之云茶。"明代医家陈廷采的《本草蒙筌》也证实，世人所谓的"蒙顶茶"，实际是以石藓类植物做成的代饮茶。朱权《茶谱》写

道："独山东蒙山石藓茶，味入仙品，不入凡卉。"许次纾也批评道："古人论茶，必首蒙顶。""今人囊盛如石耳，来自山东者，乃蒙阴山石苔，全无茶气，但微甜耳，妄谓蒙山茶。茶必木生，石衣得为茶乎？"事实胜于雄辩，此蒙山不是四川的蒙顶山，长期以来，古人也会以讹传讹，把山东蒙山的石藓和四川的蒙顶山茶混为一谈了。因此，在后世很多的古文献里，记载和引用的四川蒙顶茶性温的结论，属于一个缺乏严谨考证的低级错误。

我们再来看下明代医籍中，古人对于茶叶滋味的论述，言茶味苦者有10条，言茶味甘苦或苦甘的有30条，二者合计共为40条，均涉及味苦。综合上述茶性寒凉的40条明代文献，我们基本可以得出一个相对可靠的结论：茶的寒凉特性，是由茶的主要苦味物质咖啡碱决定的，也与次要的苦味物质花青素有关。

陆羽《茶经》云："茶之为用，味至寒。"我们再来回顾一下唐宋文献对茶叶性味的记载，基本都概括为冷、大寒。在清代，除了在赵学敏的《本草纲目拾遗》里，出现了三条关于"茶性温"的记载之外，其他医籍对茶的认知，几乎全是寒、凉、微寒。赵学敏记载的三条茶性温，分别指向武夷茶、普洱茶与安化茶。而在一代名医叶天士的《本草再新》中，则全部推翻了赵学敏的结论，他认为上述三种茶叶，皆属寒性。叶天士的侄儿叶大椿，在《痘学真传》写道："武夷茶，大寒"，"陈茶叶，苦甘,微寒"。叶大椿认为陈茶叶微寒而甘,新茶叶大寒,是符合现代科学的认知的。这是历史上第一次对陈茶的性味做出的客观判断,其结论非常重要。

叶天士是康乾时期名满天下的医学大家,是温病学说的创始人;赵学敏也是乾隆年间的一代名医。我相信这两位医学奇才,对茶性的判断都不会有错,两人存在的认识不同,可能是因为时代原因,他们所喝所见到的茶叶,在工艺上存在着一定的差别所致。赵学敏所记的武夷茶,"其色黑而味酸,最消食下气,醒脾解酒"。"诸茶皆性寒,胃弱食之多停饮,惟武夷茶性温不伤胃,凡茶癖停饮者宜之。"上述的前一段话,是赵学敏的原创;后一段话,则是引用的明末单杜可的结论。单杜可究竟是谁?已不可稽考。明末"色黑而味酸"的武夷茶,大概是武夷山桐木关所产的武夷红茶,而非武夷岩茶,因为明末武夷山的茶叶,还是蒸青团茶或蒸青散茶。历史上的武夷茶,最早是蒸青团茶、武夷红茶的代称。武夷岩茶的名字出现较晚,大概是在乌龙茶工艺成熟之后的清代。

我们还要清楚一点,单杜可认为的"诸茶皆性寒",是指明末花色众多、比比皆是的绿茶类。与绿茶相比较,经过酶促氧化、焙火的武夷红茶,味微酸、甘甜、咖啡碱的含量较低,自然要比其他茶类感觉上更温和、刺激性更小一些。赵学敏在《本草纲目拾遗》治疗痢疾的药方里,列有"乌梅肉、武夷茶、干姜"

与同学们游学苏州，问茶西山碧螺春

三味，于此可以窥见，此方是对唐代姜茶治痢经典方剂的化裁。乌梅性平，酸涩收敛；姜能助阳；茶可助阴，一阴一阳，寒热共济。从赵学敏上述的组方配伍分析，他还是利用了武夷茶的微寒特征。也就是说，赵学敏是承认武夷茶的寒凉性的，这一点，明确体现在药物配伍之中，不言而喻。

"出湖南，粗梗大叶，须以水煎，或滚汤冲入壶内，再以火温之，始出味，其色浓黑，味苦中带甘，食之清神和胃。性温，味苦微甘。"赵学敏眼中的安化茶，明显是用料粗老的黑茶类，其咖啡碱含量低，故苦中带甘，茶性温和。而叶天士喝到的安化茶，味苦，大概是原料细嫩的天尖、贡尖，最差也应该是生尖。

湖南安化著名的三尖茶，是西北地区贵族极为推崇和喜爱的茶品。清代道光年间，因两江总督陶澍的推荐，天尖和贡尖曾被列为贡品，供皇室饮用。天尖，是用雨前最细嫩的一级黑毛茶筛制而成；贡尖和生尖，则分别由二、三级黑毛茶制成。能有机缘品饮到天尖、贡尖，这是符合叶天士的尊贵身份与历史地位的。采制细嫩的头春芽茶，咖啡碱含量较高，故味苦性寒。

赵学敏引用《云南志》的"性温味香，名普洱茶"，个人认为，这应该刊印笔误或是后人的编纂错误。因为这与他在《本草纲目拾遗》普洱茶一章，记载的"味苦性刻，解油腻牛羊毒，虚人禁用，清胃生津"等清热功效，是明显自相矛盾的，逻辑上也无法解释。以大叶种为原料制作的普洱茶，咖啡碱含量远远高于中小叶种，故味苦、大寒、性刻、刺激性强，这是符合现代科学的认知的。

# 炒青应在蒸青后

在茶的制作历史上，晒干或蒸青的茶青，主要以采摘茶树的嫩叶为主。

　　唐代以前烹饮的茶，究竟是什么样子呢？搞清楚这个基本问题，对充分了解古人于茶的认知，大有裨益。

　　唐代初期，医学家孟诜在《食疗本草》记载："（茗叶）当日成者良。蒸、捣经宿。用陈故者，即动风发气。"其中的"蒸""捣"二字，不经意间点明了，在唐代初期，茶的制作方式即是蒸青工艺。鲜叶经过蒸青以后，为什么要捣碎呢？首先，因为在那个时代，还没有茶的揉捻技术，蒸过的叶片若不经捣碎，茶的内含物质便无法快速有效地浸出。其次，是为了更容易地挤压成为片茶，方便运输和交易。"朱弦一拂遗音在，却是当年寂寞心。"这让我联想起2018年的春天，在福建政和精心制作的那批高山白茶。野放的政和大白老茶树，由于多年无人管理、台刈，发芽率极低，因此只能在小开面后采摘。茶青叶张肥大却柔嫩丝滑，气息清芳，令人惊喜，但在萎凋干燥后的很长一段时间内，无论采取哪种方式冲泡，该茶应有的甘甜、厚滑、芬芳、气韵等，却是"一春鱼雁无消息"，这方急煞爱茶人。百思不得其解之时，某日我有点着急、冲动，竟然把叶片捏碎了去泡，果然不负我望，真是"忽如一夜春风来"，茶汤瞬间变得香高水厚，甘之如饴。那份惊喜，对爱茶人来讲，却是"漫卷诗书喜欲狂"。事后细想，大概是野生茶种叶面的角质层较厚，白茶又没经过揉捻，其丰富的内质，在茶叶细胞不能破壁时，很难自然快速地溶出所致。只有宁为玉碎，不为叶全，方才识得顶尖好茶的庐山真面目。后来，我把这批白茶命名为"玉碎"。唐代茶青的捣碎，与今天的"玉碎"，确有异曲同工之妙。

东周青铜甗，蒸食器，美国大都会艺术博物馆藏

从孟诜的记载可以断定，唐代初期的蒸青绿茶业已存在。那么，唐代以前的茶又是怎样的呢？在找不到确凿的文字记载之前，我们还不好定论。可能在部分地区，存在着先进的茶叶蒸青工艺；而在某些落后的地区，也可能还没有发明茶的蒸青工艺。我在《茶与茶器》一书中做过考证，茶的揉捻工艺，的确是在元代开始出现的。基于这个认知，我们就可以得出一个推论：在唐以前，乃至更长的一段历史时期内，一个既没有杀青也没有经过揉捻的生晒茶，应该更近似于我们今天的白茶类。因此，我们完全有理由、有证据，把唐代以前煎煮的某些茶叶，定义为"原始白茶类"。这类远古的所谓的"白茶"，并不存在特定的加工工艺，只是生产力比较落后条件下的自然为之。

三国时期，张揖的《广雅》记载："荆巴间采茶作饼，叶老者，饼成以米膏出之。欲煮茗饮，先炙令赤色，捣末，置瓷器中，以汤浇覆之，用葱、姜、橘子芼之。"陆羽在《茶经·之事》，也确认过这条记载的可靠性。其中的荆、巴间，即是现在的川东、鄂西一带。西汉王褒的"武阳买茶"，就发生在四川眉州的彭山，这里也是苏轼的故乡。东晋（350）常璩《华阳国志·巴志》有记："桑、蚕、麻、苎、鱼、盐、铜、铁、丹、漆、茶、蜜……皆纳贡之。""园有芳蒻、香茗，给客橙、葵。"这就证明，在三国前后，巴蜀地区已经开始种植茶叶，茶叶也已贵为皇室贡品。南北朝前后，《桐君录》记载："又巴东别有真茗茶，煎饮令人不眠。"上述几则确凿的文献，能够进一步证实荆巴地区，委实是中国最早开始利用茶的地区。陆羽《茶经》的记载，也可作为补充证据："两都并荆、渝间，以为比屋之饮。""两都"，是指唐代的国都长安和洛阳。

三国时期的茶叶，采得比较粗老。以茶压饼时，叶片之间缺乏黏性的果胶，只能依靠黏度较高的米膏，黏茶成饼。张揖的记载，从侧面证实了此时的茶叶制作，既没有蒸青工艺的出现，也没有捣碎工艺的存在。假设茶叶经过了蒸青，压饼时，就不需要"以米膏出之"了。

那时的茶叶，因为没有经过杀青，茶的刺激性及苦涩度都会

较高，所以在饮用时，很有必要对茶进行烤炙，这类同于中药的炮炙，又可烤出茶叶的焦糖香气。经过烤炙、氧化变红的茶，在捣碎后，继而用热水冲泡，再调以葱、姜、橘皮饮用。假如在茶中不添加任何调料，其饮法，已很近似今天的云南少数民族地区常见的罐罐茶了。由此我们可以深刻地感受到，历史悠久的饮茶文化在中华大地上那种割不断的传承与生生不息。

为什么最早的茶叶加工，会是蒸青工艺呢？这就需要对古老中国的饮食发展，做一梳理。在人类历史上，最早加工食物的器皿，是陶制的砂锅。因为砂锅的传热系数低，所以，砂锅只能用来蒸、煮食物。到了春秋战国时代，随着冶铁工艺的成熟与普及，才使铁锅的问世成为可能。但是，仅仅有了铁锅还不行，还需要以油作为传热介质，才能为"炒"的出现，奠定必要的基础条件，这二者是缺一不可的。南北朝以后，随着植物油的普及，食物的炒制技术开始出现，尤其是在唐宋以后，炒法开始散见于各类典籍之中。由炒菜技法的形成时间可以推断，茶叶成熟的炒制技术的出现，一定是落后于蒸青工艺的。并且在南北朝之前，不可能有茶叶炒青工艺的存在。这个考证结果，与唐初孟诜对茶叶"蒸、捣"工艺的记载，是基本吻合的。

在茶的制作历史上，晒干或蒸青的茶青原料，主要是以采摘茶树的成熟叶片为主。当时的最佳饮用方式又是如何呢？根据中国第一部法定药典《新修本草》记载：茗，"下气消食，作饮，加茱萸、葱、姜良。"而我国第一部食疗专著，孟诜的《食疗本草》则建议：茗叶，"煮取汁，用煮粥良"。在唐代，有了国家最权威的药典和影响力最大的食疗专著，为茶叶的饮用方式做背书或提供指导方针，这就决定了唐代前后的主流饮茶方式，必然是煮饮的茗粥或者羹汤。西晋傅咸的《司隶教》曰："闻南市有蜀妪作茶粥卖"。东晋郭璞的《尔雅注》记载：茶，"叶可煮作羹饮"。晚唐杨晔的《膳夫经手录》也写道："茶，古不闻食之。近晋宋以降，吴人采其叶煮，是为茗粥。"

晋代杜育的《荈赋》，虽然讴歌的还是秋茶，但在饮茶境界与审美感悟上，已基本脱离了煮茶或煎茶的食、药层面，对唐代陆羽系统总结煎茶规律与建立茶汤审美，起到了醍醐灌顶的启蒙作用。其中茶的"调神和内，倦解慵除"，与陆羽的"荡昏寐，饮之以茶"，如出一辙。杜育心目中的煎茶，更多强调的是茶叶安神解倦的精神层面与文化意义，并没有涉及茶的祛病治病的药理作用。

# 茶之为饮最宜精

既然茶是形而上的可近于道的精神饮品，喝起来就不能草率应付和马马虎虎，就需要具有超越日常的精细、审美、仪轨和诗意。

　　大约在公元780年，陆羽结合自己的调查与实践，在皎然等人不遗余力的帮助下，以浙江长兴的顾渚紫笋茶作为优秀茶种的代表，系统总结了唐代及其之前的茶学脉络，去芜存菁，撰写了名垂千古的《茶经》，并在书中对煎茶技法做了重点改进与推广，把茶从传统的药、食煮饮中剥离出来，视茶为超越解渴、医疗等物质层面的重要精神饮品，极大地推动了茶的清饮，提高了茶饮的品格与风致，使得"天下益知饮茶矣"。

　　陆羽在《茶经》里说："至若救渴，饮之以浆。"其意是，若只为解渴，单饮浆水就可满足。若是"荡昏寐"，消睡提神，怡悦性情，就要饮之以茶了。既然茶是形而上的可近于道的精神饮品，喝起来就不宜鲁莽草率与马马虎虎，就需要具有超越日常的精细、审美、仪轨和诗意。

　　陆羽《茶经》云："茶之为用，味至寒，为饮最宜精。"如果"采不时，造不精，杂以卉莽"，就必然"饮之成疾"，不可

不慎重对待。陆羽在《茶经》开篇，就强调"为饮最宜精"，可谓微言大义。也就是说，不是所有的茶，都益于身心健康，都可以无所顾忌地去开怀畅饮。结合上文我们知道，茶因含有生物碱而"味至寒"，那么，应该选择什么样的茶，才最益于健康呢？答案自然是"阳崖阴林"，"紫者上"，"笋者上"，"叶卷上"，"上者生烂石"。陆羽在《茶经》中举例写道："阴山坡谷者，不堪采掇，性凝滞，结瘕疾。"也就是说，生于阴山坡谷的茶叶，由于光照少而茶性极寒，这就不是最"精"的茶，因此不宜饮用。"为饮最宜精"，无论是在古代，还是当下，对于正确树立健康饮茶的认知，都具有非常重要的借鉴和指导意义。它与我多年倡导的"喝好茶、少喝茶、喝淡茶"的健康理念，基本是一脉相承的。其后，陆羽又以大家熟悉的人参作为案例，讲述了如果茶的采制不精、产地混乱，流通无序而不能精鉴，就如误服假的人参一样，不但没有任何药效，而且还会严重损害人的健康。"知人参为累，则茶累尽矣。"为避免饮之成疾，就要从茶的源、采、造、煮、鉴、饮等方面严格把控，一个"精"字，概括了整部《茶经》的要旨和内涵。

用心去读《茶经·之饮》一章，就会发现，陆羽用了大篇幅的文字，详细解读了"为饮最宜精"的茶之"九难"。他说：天育万物，皆有至妙。世人已经把住房、衣服、食物、酒类等，做得至精至美、美轮美奂了。但是，陆羽自视为形而上的茶，世人对此的认知还远远不够。要想采得精、造得精、煎得精、品得精，就要持恭敬心，戒骄戒躁，至少要克服九种困难，即"一曰造，二曰别，三曰器，四曰火，五曰水，六曰炙，七曰末，八曰煮，九曰饮。"如此，才能算得上是对茶认知的精极，方可感受到饮茶的妙处，否则，就是陆羽所说的"人之所工，但猎浅易"。"瓯中尽余绿，物外有深意。"只有深刻理解了"为饮最宜精"，始能体悟饮茶之清，煎水之意，悠然心会时，妙处难与君说。

我们现在，常把"精行俭德"作为一个词组，去发挥去宣传，个人以为，这是句读的错误。忽视了《茶经》中最重要的

"精"字的妙用，必然会忽略掉陆羽对健康饮茶的重视，辜负了鸿渐于茶宜"精"的一片苦心。韩愈说："句读之不知，惑之不解。""行"（旧读xíng），是指足以表明品质的举止行动。《茶经》原文的句读，应是"行俭德之人"，而非错误的"精行俭德之人"。否则与下文的内容根本无法照应。

三国时诸葛亮《诫子书》说："夫君子之行，静以修身，俭以养德。"大概是"行俭德"的原始出处。之后，杜甫《有感五首》诗云："不过行俭德，盗贼本王臣。"此处的"行"是名词。俭德，出自"俭，德之共也；侈，恶之大也"。俭，最早是原始人类，在物质极度匮乏条件之下形成的生存智慧。此后的"俭"，便逐渐被赋予了德性的含义。节制物欲，精神会更富足。《茶经》中的"俭德"，个人以为是儒家的恭俭惟德，不单纯是指精神、道德上的自我约束。陆羽眼中的"俭"，应该是"俭，省节也"，有不浪费、珍惜之意。茶在唐代，并非像我们今天这么易得，精茶的价格自然不菲，用之有节则常足。只有真正从内心去热爱茶、珍惜茶、恭敬茶的人，才会用心去品茶的真味妙韵，才是具备了茶之俭德的人。如同老子《道德经》讲的"道之尊，德之贵"。唯有具足了茶之俭德的爱茶人，在"若热渴、凝闷、脑疼、目涩、四肢烦、百节不舒"时，才可"聊四五啜，与醍醐、甘露抗衡也"。人有惜物之心，茶才会有悦人之美。试想，假设不是一个从内心真正喜欢茶的人，他在身体极不

舒服的条件下，是不可能去主动品茶的。即使勉强去喝一壶茶，在感觉器官敏感度欠佳的状况之下，不仅品不出茶的滋味和香气，甚至是浓苦似饮药，而且饮茶的郁郁寡欢，味同嚼蜡，其感受，又怎能去与醍醐、甘露媲美呢？

陆羽在《茶经·之煮》一章，批评过这类不具备茶之俭德的人，"夏兴冬废，非饮也。"《茶经·之饮》写道："茶性俭，不宜广，则其味黯澹，且如一满碗，啜半而味寡，况其广乎！"此处的"俭"，即是贫乏、茶的内质不够丰富之意。正因为贫乏，才要敬天惜物。鉴于此，要有爱茶之德，要珍惜茶，煎茶时要掌控好茶与水的比例，不要添加太多的水，否则，茶汤会寡淡无味而浪费了茶。

综合上文，《茶经》的"行俭德之人"与"茶性俭"，是承上启下、相互照应的，不应割裂去读。至此，爱茶人的德性俭与茶性俭，在人品与茶品的交融中，实现了高度统一、相得益彰。此物清高世莫知。唯有如此，方可体悟出皎然大师"三饮便得道"的精妙与深邃。

# 煎茶西晋出西蜀

最早利用茶的巴蜀地区，才是中国煎茶法的发源地，且在时间上不应晚于西晋。

　　唐代王维诗云："长安客舍热如煮，无个茗糜难御暑。"开元进士储光羲，有茗粥诗："淹留膳茗粥，共我饭蕨薇。"黄庭坚的《谢刘景文送团茶》诗中，也有"刘侯惠我小玄璧，自裁半壁煮琼糜"。以上三人诗中的"茗糜""茗粥""琼糜"，很明确都是添加了辅料的煮饮茶。郑谷有诗："宗人忽惠西山药，四味清新香助茶。"郑谷的茶饮里，可能添加了某类中药或者香料。纵观唐人吃茶，也算是风格多样、百花齐放了。

　　唐代吕温的《三月三日茶宴序》写道："乃命酌香沫，浮素杯，殷凝琥珀之色，不令人醉。微觉清思，虽五云仙浆，无复加也。"吕温是贞元十四年（798）的进士，从时间顺序上看，吕温写此文时，陆羽的《茶经》已经问世。

　　唐代歌咏茶宴的诗文很多，但能够细致描述茶的汤色的并不多见。吕温在序文中以茶代酒的"殷凝琥珀之色"，无疑是因蒸青、炙烤、煎煮等因素造成的茶汤氧化现象。但是，更多的色素，可能来源于添加的茱萸、橘皮等辛温辅料煮出的色泽。

　　吕温，世称吕衡州，出身于书香望族、官宦世家，非一般的才俊大儒，少年时已"誉动朝端，声驰毂下"。他是唐代中后期天才的进步政治家、文学家，与刘禹锡、柳宗元颇为交好。柳宗元在哭吕温中年遽殒时，曾有"生平意最亲"的哀伤。

　　从以吕温为代表的社会名流的饮茶方式，可以窥见，在《茶经》问世伊始，陆羽推崇的煎茶清饮方式，并没有我们想象的那么普及和受人追捧，至多是"小荷才露尖尖角"。

　　陆羽推崇的茶的清饮方式，也并非是他本人的原创。北宋苏轼《试院煎茶》诗有："君不见，昔时李生好客手自煎，贵从活火发新泉。又不见，今时潞公煎茶学西蜀，定州花瓷琢红玉。"其弟苏辙《和子瞻煎茶》诗有："煎茶旧法出西蜀，水声火候犹能谐。"苏轼兄弟本是西蜀人，对家乡煎茶的发展历程，自然比较熟悉。昔时李生，是指唐代的李约，他与陆羽切磋茶技、相较水品，且都一生未婚。温庭筠《采茶录》记载："李约，汧公子也。一生不近粉黛，性辨茶。尝曰：茶须缓火炙，活火煎。活火，谓炭之有焰者。当使汤无妄沸，庶可养茶。"李约有山林之致，坐间悉雅士，识度清旷，弹琴煮茗，首倡活火煎茶，可见李生对煎茶技艺追求的精益求精。今日潞公，即是北宋著名的政治家文彦博，出将入相五十余载。苏轼因乌台诗案入狱后的第一封信，就是写给文潞公的。苏轼的《和潞公超然台次韵》诗：有对自己人生"身微空志大，交浅屡言深"的深刻反省。文彦博在细品四川蒙顶茶后，曾写下："旧谱最称蒙顶味，露芽云液胜醍醐。"黄庭坚的《满庭芳·茶》，其中有："纤纤捧，研膏溅乳，金缕鹧鸪斑。"就是他与文潞公品茶后，有感而发写下的传世名句，读来别有一种繁华落尽见真淳的韵味。

陆羽的《茶经》，在描述茶汤即将煎成的状态时，曾引用了西晋杜育《荈赋》的"焕如积雪，晔若春敷"，这基本可以证明，陆羽的煎茶手法与《荈赋》中煎茶方式的一致性。《荈赋》又有："水则岷方之注，挹彼清流"，这说明杜育所用的煎茶之水，舀取的是四川岷江的汩汩清流。结合苏轼兄弟诗中对煎茶的探讨，基本可以证实，最早利用茶的巴蜀地区，才是中国煎茶法的发源地，且在时间上不应晚于西晋。

唐代封演的《封氏闻见记》写道："南人好饮之，北人初不多饮。开元中，泰山灵岩寺有降魔师，大兴禅教，学禅务于不寐，又不夕食，皆许其饮茶。人自怀挟，到处煮饮。从此转相仿效，遂成风俗。"从封演记载的"到处煮饮"可以看出，在唐代中国北方的饮茶方式，还是以煮茶为主。这就是苏辙诗中强调的"不学南方与北方"的"北方"。

诗僧皎然是陆羽的老师，他的茶诗中有："投铛涌作沫，著碗聚生花"，这是唐诗中最早描述煎茶的诗句。另有一首是《饮茶诮崔石使君》，诗云："越人遗我剡溪茶，采得金芽爨金鼎，素瓷雪色缥沫香，何似诸仙琼蕊浆。"在皎然的两首茶诗中，

其中对煎茶的描述，与陆羽《茶经》的煎茶技法是高度类似的。从《封氏闻见记》的记载能够看出，降魔师及其弟子，在北方寺庙传承的是煮茶技艺。在涉及陆羽时，封演写道："楚人陆鸿渐为茶论，说茶之功效，并煎煮炙茶之法，造茶具二十四事，以都统笼贮之，远近倾慕，好事者家藏一副。"由此可见，封演是能够分清楚煮茶与煎茶的明显区别的。而湖州杼山妙喜寺的住持皎然，从其诗文描述能够清晰看出，他的饮茶方式迥异于北方寺庙的煮茶，已经是很明确的煎茶了。至此，还不好判定，陆羽在煎茶技法的形成过程中，究竟在多大程度上传承了皎然的教诲与心得？否则，皎然不会对陆羽有"云山童子调金铛，楚人茶经虚得名"的批评之语。

陆羽推崇和宣扬煎茶的贡献，在于系统总结了唐以前的煎茶技艺，使之清雅化、系统化、理论化、规范化，并把饮茶从亦食亦药的煮茶技法中剥离出来，上升到不受所添辅料滋味影响的高洁清饮，一举使茶成为"参百品而不混，越众饮而独高"的泓然清流。西晋张载的《登成都白菟楼》诗云："芳茶冠六清，溢味播九区。人生苟安乐，兹土聊可娱。"张孟阳在成都喝的一定

是煎茶，否则，煮出的羹饮、茗粥，香气滋味驳杂，又怎会芬芳
"冠六清"呢？

# 煮茶煎茶各千秋

煮茶方式的形成，包含着古人丰富沧桑的生活阅历以及高超的生存与养生智慧。

　　敢于消减掉生活的多余，意味着对物质的超越。陆羽在《茶经》的煎茶技法中，规范了二十四器，把煮茶中添加的葱、姜、枣、薄荷、橘皮、茱萸等调剂品，从茶饮中剥离出去，只保留了一味盐的存在。把过去的"煮之百沸"，精减为目辨的煎之"三沸"，有效降低了茶汤的浓度和久煮造成的苦涩滋味，使茶的真香得以纯洁，使茶的滋味变得更加单纯和清雅。

　　陆羽视过去的煮茶，为"斯沟渠间弃水耳"。如果仅仅站在茶的品饮角度来看，陆羽的观点或许是对的，茶韵的表达要纯粹，要尽力呈现出茶本身的真香真味。但是，如果从医疗和保健的角度思忖，陆羽的上述观点，似乎有些失之偏颇。首先，我们要看到，茶的利用和发展，是从食用到药用，由食药并用再发展到广泛的食用阶段。人们在长期的生活实践过程中，意识到茶的寒性，可能会对不同体质的人，造成不同程度的影响，故在日常的饮用中，加入了一些辛温的调料，尤其是葱的微温通中、姜的

温中散寒、薄荷的清利头目、橘皮的燥湿化痰、茱萸的暖肝温胃，这些辅料相互协同，综合作用于人体，可有效抑制因长期饮茶不当造成的痰湿、偏寒等副作用，这其中，蕴含着祖先们高超的生存智慧和对食药属性阴阳平衡的把握。姜、茶的天作之合，一阴一阳，寒热平衡，直到今天，仍是医疗、保健中祛除湿邪、暑邪、寒邪的经典配伍。其次，先人们长期处于饔飧不继的饥荒年代，在茶中添加淀粉、薯蓣等煮成茗粥，既能饱腹，又可有效减少茶对胃肠的刺激，尤其适于营养不良、体质虚弱、低血糖的人群。

明代陈仁锡的《潜确类书》曾记载，隋文帝杨坚罹患脑病，经常头痛，后遇一僧人告之说："山中有茗草，煮而饮之当愈。"隋文帝有病乱投医，依之煮茶饮用，果然奏效。上有好者，下必甚焉。于是，隋人竞相采制饮用，举国上下，饮茶蔚然成风，由是人竟采啜，天下始知茶。"穷春秋，演河图，不如载茗一车"的典故，即出于此。隋文帝以身试茶，治愈了顽疾，这一如此高端、大气、上档次的饮茶医疗广告，对彼时饮茶的推广普及以及唐代茶文化高峰的孕育，其影响力度之大、之深，可想而知。

在上文中，我们要注意到一个"煮"字。隋文帝的饮茶伊始，是被动的，是有强烈的目的性的。茶能治愈他的顽固性头痛，个人以为，是茶汤中的茱萸、薄荷等起了主导作用，茶只是起到了辅助作用。查阅中药的功效我们知道，茱萸和薄荷，均是治疗各类头疼病症的主要药物。张仲景《伤寒论》应用的吴茱萸汤，是后世治疗多种顽固性头痛的经验良方，对治疗胃寒、慢性胃炎等也有显著疗效。既然古代的茶，能够出奇制胜地治愈了头疼，那么，到了今天，茶治疗头痛的疗效，为什么就不显著了呢？或者说已经完全失效。在一千年之内，茶树的基因并没有发生多少突变呀？窥其关键，还在于一个"煮"字，煮茶辅料有真经。

　　在唐朝，一代煎茶道大师常伯熊，饮茶过量的遭遇和晚年因之患病的窘迫，令人唏嘘不已。常伯熊曾风度翩翩，常常"着

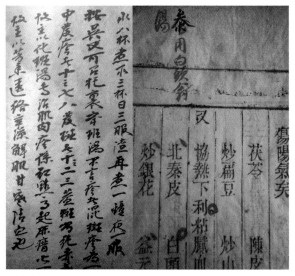

祖上的读书笔墨

黄被衫、乌纱帽，手执茶器，口通茶名，区分指点"，赢得左右刮目。据《封氏闻见记》记载："有常伯熊者，又为鸿渐之论广润色之，于是茶道大行，王公朝士无不饮者。"封演视野中的"广"润色之，是强调常伯熊曾经大幅度地修改、润色过《茶经》。我们今天读到的《茶经·之煮》《茶经·之饮》等几篇，很难说没有渗透着常伯熊的心血与智慧。不仅如此，他还以身示范，引导和带动王公贵族们学习煎茶，极大地推动着唐代的煎茶繁荣与茶道大行。公正客观地讲，在唐代，常伯熊对煎茶道的推动和贡献，几乎是无人匹敌，其影响力是远超陆羽的，可谓厥功至伟。只可惜，有些历史总是被人刻意淡忘。历史不应该忘记，无数像常伯熊一样，虽述而不作，却对茶的清香事业，做出重大贡献的诸位先贤。作为推广煎茶急先锋的常伯熊，终因缺乏节制、喝茶过浓过多，损害了自己的健康而罹患重病，故常伯熊"晚节亦不劝人多饮也"。

旧爱玉颜今自恨。浓尽必枯，因茶伤己，常伯熊先生应该是中国饮茶史上，第一个有确切记载的被茶误伤的大师。他晚年会不会独自抱憾："我最爱的茶，伤我最重。"也未可知。

假如常伯熊先生，过量饮用的不是改良后的煎茶，他大概也不至于在晚年因茶患病，然而，历史不容假设。倘若果真如此，在中国煎茶史上，就缺少了一段令人"左右刮目"的精彩。

古老的煮茶与煎茶，各有千秋，不能简单地去厚此薄彼。

中国饮茶的发展历程，从食药并举，发展到广泛的食用与饮用，祖先们经历了漫长的探索与进化过程，甚至付出过沉重的代价。古人在长期的生活实践中，逐渐寻觅和摸索出与茶配伍的最佳辅料，其本质，也是一个与身心健康不断磨合、妥协的结果。因此，从某种意义上讲，煮茶方式的形成，包含着古人丰富沧桑的生活阅历以及高超的生存与养生智慧。很多诸如煮茶、茶粥、果子茶等优秀民俗遗存，都在我们的熟视无睹和不经意之间，慢慢地无声无息湮没于历史之中，不能不为之遗憾。

煎茶的发展与完善，是对煮茶方式的扬弃。煎茶虽然剥离了茶汤中驳杂、陆离的滋味，纯净了香气，使茶的真味真香得以准确表达，变得更纯净、更清雅了，但是，当茶饮缺少了必要的制衡机制，茶汤的偏性就会显露出来。因此，对茶的饮用方式的选择，需趋利避害，扬长避短，综合权衡。对饮茶的量和度，更需要适当节制，否则会过犹不及，贻害健康。

唐代，刘肃撰写的《大唐新语》，有如下记载："其略曰：释滞消壅，一日之利暂佳；瘠气耗精，终身之累斯大。获益则归功茶力，贻患则不谓茶灾。岂非福近易知，祸远难见乎。"宋代以前的文献，如同今天纷纷扰扰的茶界一样，人们只吹嘘饮茶如何轻身换骨、羽化成仙；只大谈茶的功效以及如何治疗疾病，却很少涉及饮茶过量的危害和弊端，所以，此文在当时并没有引起过多的关注。唐人记述的饮茶之害，虽有夸大之处，但在今天，

作为一剂诫饮戒贪的清凉散，也确有其重要的历史价值。

明代的李贽最是清醒，他在《茶夹铭》一文，言说饮茶过量，贻害身体，应归咎为个人的把控问题，与茶无关。万物本无相，一切由心生。当然，茶叶本身既不媚人，也不害人，有害的是人内心的贪欲和无明，还是在"过用"上出了偏差。因此，愿与之始终，一味清苦到底。李贽算是罕有的懂茶之人。

# 盐姜哪个更宜茶

陆羽在煎茶时，加入适量的盐，一定是有深意的，或者是当代的习俗使然。

陆羽《茶经》问世之后，茶汤的焕如积雪、晔若春敷，香气的清新曼妙，惊动了唐代的文人隐士。一瓯香茗，以崭新的面貌，浇透了困苦文人胸中的块垒，可宣泄沉郁；又使抱朴守真的隐士物我两忘，能寄情高远。以茶遣怀，以诗言志，其泉涌的文思，氤氲成大唐的烟雨空蒙，穿林渡水而来。弥散至今的茶的隽永与清香，谁能说没有唐时的味道呢？

唐代饮茶的主流，分为煮茶与煎茶两种主要形式，但在民间或部分文人中间，淹茶也是存在的。淹茶，即是《茶经》记载的"以汤沃焉"，可视为是今天瀹泡法的萌芽。

以蒸青工艺为主的煮茶或煎茶，茶的香气并不彰显。我粗略查阅了一下唐代的茶诗，描写茶香的诗词数量并不多。颜真卿的联句诗有"芳气满闲轩"；皎然有"素瓷雪色缥沫香"；白居易有"咽罢余芳气"；李德裕有"兰气入瓯轻"；皮日休有"苹沫香沾齿"。其中，刘禹锡的"木兰沾露香微似"，写的是"斯须

炒成满室香"的炒青绿茶。刘禹锡是唐代少有的对茶有真知灼见的翘楚，他描写茶的一些诗文，其专业素养和学术见解，是超越那个时代的，不容忽视。柳宗元的"余馥延幽遐"，大概是受挚友吕温影响，煮茶而发出的香气。那种幽遐的芳香，来源于茶山生态的"芳丛翳湘竹，零露凝清华"，得益于绿茶采摘的"晨朝掇灵芽"。

至于茶的滋味，在唐代诗文中出现的频率也不高。皎然有"何似诸仙琼蕊浆"；温庭筠有"疏香皓齿有余味"。唐代大部分诗文描述的，都是有关煎茶的视觉效果，不是"鱼眼""蟹目"，就是"满碗花""醉流霞"等。为什么唐代的文人隐士，不能充分地从茶中品出其悠长的香气与醉人的滋味呢？我猜测：首先，茶的蒸青工艺是主导原因，传统煮茶添加的辅料影响，也是关键；其次，与陆羽对煎茶技艺改造得不彻底，也不无关系。

阅读《茶经》我们知道，陆羽在煎茶的初沸时，要根据水量的多少，"调之以盐味"，当然也不可能太咸，否则，含盐量高的水，会严重影响茶的香气和滋味的表达。过去的北方人，为什么喜欢喝茉莉花茶？一个重要的原因就是，饮用水偏咸或水的硬度过高。其他的茶类，用北方的水质，是泡不出茶的浓厚滋味和细幽的香气的。在当今，纯净水制备工艺的巨大技术进步，有效地改变了中国茶饮的分布与发展格局。

陆羽在煎茶过程中添加食盐，同时代的工部尚书薛能，是旗帜鲜明地反对的。他有诗云："盐损添常诫，姜宜著更夸。"盐损茶味，这是常识。茶中加姜，却是个很好的组合，既可缓和茶叶寒性，又能治疗和预防很多疾病。对此，北宋苏轼曾说："茶之中等者用姜煎，信可也，盐则不可。"黄庭坚在《煎茶赋》中也讲，在茶中单独加盐，是"勾贼破家，滑窍走水"。我非常赞同苏、黄的观点。如果在茶汤中加盐，就会造成茶汤中的氯离子含量过高。当口腔能感觉到水的咸味，氯离子的含量，一般会超过500毫克/升。我国生活饮用水的水质标准规定：氯化物的含量，不允许高于250毫克/升。当氯离子的含量，超过4000毫克/升时，就会对健康造成损害。如果长期因饮茶而额外摄入过多的盐，容易引起高血压、胃炎、心脏病、肾脏疾病等。

陆羽煎茶加盐的观点，一直影响到宋代及其少数民族地区。到了宋代，还有人在点茶时加入盐巴，可见，此风影响之深远。那么，为什么要在煎茶时加盐呢？陆羽没有讲，唐宋以降，也没有人能够解释清楚。

对此，我揣摩良久，个人以为，陆羽在煎茶时，加入适量的盐，一定是有深意的，或者是当时的习俗使然。他不可能利用盐的杀菌作用，来对水质进行消毒，况且茶汤是要煮沸的。大概的可能性，即是茶叶中含有谷氨酸，其含量仅次于游离的茶氨酸，在煎茶时，添加的适量的氯化钠，能够在茶汤中与谷氨酸发生化

学反应，生成一定量的谷氨酸钠。谷氨酸钠就是我们炒菜时，常常添加的味精，能够增加茶汤的新鲜滋味。

还有一种猜想，煎茶不类我们今天的泡茶，茶与水混合煎煮的时间较长，煎出的茶汤浓度相对较高，茶汤滋味往往会偏苦涩。如何解决这个问题呢？我们先看看李白的诗："玉盘杨梅为君设，吴盐如花皎白雪。"茶圣陆羽，大概是从江南人吃水果的习俗中，得到了某种启示，把盐作为茶汤里苦味、酸味、涩味的缓解剂，以提高茶汤整体的甘甜度。宋代周邦彦，写李师师吃橙子时，也有"并刀如水，吴盐胜雪，纤手破新橙"的词句。现代科学认为，钠离子作为第一主族的阳离子，确实有抑制苦味的功效。吃水果时，若能在水果的切面上，适当加点盐，会感觉滋味更加鲜甜。

如果陆羽在《茶经》中，描述煎茶的"珍鲜馥烈"，与加盐生成的味精有关，那么，在那个时代，陆羽的确够得上是一个化学天才。不过，其可能性不是太大。我估计，茶圣陆羽，还是受到了生活经验的启发使然。我在泡茶、煮茶时，针对不同的茶类，反复添加过不同剂量的食盐，进行过各种的化学实验，最后尝试的结论是，真的没能品出令人欣喜的更新鲜的茶汤滋味。因为，对于上佳的春茶，茶氨酸的含量，通常占茶叶中氨基酸总量的50％以上，是茶汤中最主要的鲜甜增味剂，很明显是不适合加盐的。对于等级较低的茶类，加盐能否使茶汤锦上添花，感兴趣的朋友，不妨去试着体验一下。

# 啜苦咽甘茶品佳

从上古到唐代，茶的泻火解毒、利尿止痛、兴奋神经中枢的药理、保健作用，主要体现在以咖啡碱为主的组分含量上。

陆羽《茶经》问世以后，世人受到《茶经》的影响，茶饮逐渐从以治疗为目的的药物范畴中抽离出来，淡化为以保健为主的精神饮品，越众饮而独高，厘清了茶的真实面目。茶的主要作用，还是以生物碱为主的"荡昏寐"。至于热渴、凝闷等生理性不适，陆羽对此讲得非常清楚，不是药物治疗作用，而是用于缓解症状。上述这些功效，都是基于茶中所含咖啡碱的活性及其含量。

"啜苦咽甘，茶也。"这是陆羽在《茶经》中，从茶的本质和哲学层面，对茶的基本定义。在自然界中，喝起来苦而回味甜的，唯有茶。茶的苦，主要是由茶中咖啡碱的含量决定的。在生物界的植物叶片中，含有 2%以上咖啡碱的只有茶，这也是茶类区别于其他植物的根本标志。古人在论述茶的功效时，强调的多是咖啡碱的作用。茶多酚、糖类、茶氨酸、维生素等物质，并非茶类所独有，因此，茶叶的独特功效，应该是以咖啡碱的作用为主，其他组分协同、拮抗的综合表达。茶中的茶多酚、氨基酸、多糖类、维生素、矿物质等，都会具有一定的药效或保健作用，但这并非是茶中所独有的物质，其表现出的药理作用，是不应该列入茶的主要功效的。个别物质所呈现出的单独功效，在茶的组分自我平衡后，也不见得会起明显作用。例如：桑叶、苦菜、苦丁、车前草、薄荷等，都可作为代茶饮，都可能含有除咖啡碱之外的其他物质，有的成分含量，甚至比茶还要高，但是，它们并不属于真正的茶类，因此，这些代茶饮类，便在医疗和保健中，各自表现出各自的独特药物功效。而每一种药物所表现出的特殊药效，往往不是由其中的某一种化学成分来决定的。真正起作用

的，一定是该物质内部的稳定有序的组成成分。各组分之间，还具有天然的稳定的配伍配比关系。从这个意义上讲，单纯把茶内除咖啡碱以外的其他成分，作为茶的主要药效，去刻意过分强调，这是极端片面和不科学的误导。

从上古到唐代，茶的泻火解毒、利尿止痛、兴奋神经中枢的药理、保健作用，主要体现在以咖啡碱为主的组分含量上。其后，唐代湖州刺史裴汶所著的《茶述》中，记载的茶"其用涤烦"，与咖啡碱的泻心火功效，不无关系。

茶的啜苦咽甘，主要是以咖啡碱为主导的稳定组分在起作用。咽甘即是回甘，这是"为饮最宜精"的好茶的重要特征。回甘的产生，首先是茶中的糖类、氨基酸类等甜味物质，与咖啡碱的苦味，形成的鲜明的对比效应。没有苦便无所谓甜。这一点，多么像我们的人生！其次，是不溶于水的多糖类，在口腔的苦味逐渐消失时，会慢半拍地被口腔里的唾液淀粉酶，分解成为可溶于水的糖类。因此，苦涩弥散，清甜缓来，便表现为非常惬意愉悦的生理体验"回甘"了。第三，茶多酚与口腔黏膜上的蛋白结合，生成的不透水的膜层，便表现为茶多酚的涩味。等膜层破裂，伴随苦涩味退去，迎来的恰好是，绵绵不尽的微苦中的清甜。

回甘越好的茶，往往寒性较弱，从而对人体的刺激相对较轻，这往往是生态良好的高品质春茶的特征。回甘与寒性，二者

野生顾渚紫笋茶

存在着某些必然的关联。当然，茶的回甘，还与茶中鲜甜的氨基酸、儿茶素的水解、有机酸对唾液腺体的刺激以及可溶性糖类的含量相关。回甘的悠长欣悦，主要取决于茶氨酸含量的高低。

陆羽之后，对饮茶文化影响最大的诗文，要数卢仝的《七碗茶诗》了。卢仝的"七碗"，是对皎然"三饮"的继承与发扬。无论是皎然的"三"，还是卢仝的"七"，都是虚指，并非是卢仝真的喝了七碗茶。如果卢仝茶诗中的七碗，还表述不尽内心对茶的感受和情愫，那么，他可能要在诗中写到九碗、十八碗不等。

陆羽的"荡昏寐"，显然是受到了皎然的"一饮涤昏寐"的影响。之后，皎然的"再饮清我神""三饮便得道"，神韵迭出，表达出了饮茶对生理、精神层面的深刻影响。卢仝从"喉吻润""破孤闷""搜枯肠""发轻汗""肌骨清""通仙灵"，到"七碗吃不得"的"两腋清风生"，层层递进，生动描述了他在吃茶过程中，其生理、心理层面的变化与美好感受。此诗的空寂清幽，深刻而广泛地影响了唐宋以降的文人与茶人，尤其是以宋代为甚。

卢仝在薄寒的暮春，意外收到好友孟简遣人送来的阳羡团茶，索性掩了柴门，自煎自饮。一碗生津止渴，喉吻舒润；两碗后，咖啡碱发挥作用，愁闷顿消；当咖啡碱与茶氨酸共同作用于神经系统的时候，茶的"益意思"，便可搜枯肠，令人文思泉涌了。当茶的活性物质，通过渗透扩散、进入循环系统时，把茶汤的热量同步带进津液、血液之中，加之茶内芳香物质的开窍发散作用，怎能不令人汗出涔涔呢？这也是后世常讲的"茶气"体现。卢仝的发轻汗，可能与紫笋茶芬香甘辣的特质有关。饮茶的汗出、利尿，促使"内毒外排，祛邪安正"，令人神清气爽，筋骨、血脉、肌肤清朗，这种从内到外的熏陶润泽，不就是茶的美容功效与高雅气质养成的过程吗？当然，茶的美容作用，也与茶多酚的抗氧化作用有关。"六碗通仙灵"，与皎然的"三饮便得道"类似，描述的同样是饮茶产生的超越物质层面的玄妙以及心灵上逍遥自在的愉悦感。七碗吃不得也，倘若无所节制，再继续过量吃茶，就要突发低血糖了。少则美，多则恶，过犹不及。两腋生风，已基本接近《食忌》所讲的"苦荼久食，羽化"的理想追求，如东坡所言："飘飘乎如遗世独立，羽化而登仙。"其实，饮茶产生的这种极致的浑然忘我的审美体验，就是卢仝追求的高古、脱俗、隐逸的精神世界。从一碗到七碗，卢仝"柴门反关无俗客，纱帽笼头自煎吃"，并没有发生打嗝、呃逆等状况，这充分说明嗜茶的卢仝，其脾胃还是非常健康的。不像现代人那样，脾胃多为熬夜、酗酒、饮食不节所伤。

# 宋点唐煎有传承

宋徽宗对茶饮做出的总结，几乎是一锤定音，不再像从前的著述者那样，拖泥带水，药食难分。

　　唐代的采茶标准，不会追求太精太嫩，至少为一芽一叶。隋代陆法言《广韵》记载："茶，春藏叶，可以为饮。"唐代孟诜《食疗本草》有："茗叶利大肠。"陈藏器《本草拾遗》云："茶是嫩茗叶。"从隋代陆法言到唐代的孟诜、陈藏器，他们对那个时代茶叶的记载，都是茶树的嫩叶，并没有提到茶芽。而翻阅陆羽的《茶经》，则写道："至嫩者，蒸罢热捣，叶烂而芽笋存焉。"也就是说，茶的发展到了陆羽时代，茶的采摘逐渐趋于精细化，采得至嫩的春茶，已经包含芽尖了。

　　宋代伊始，茶青渐趋越采越嫩。宋徽宗在《大观茶论》里颇为自负，洋洋自得，其中写道："凡芽如雀舌谷粒者为斗品，一枪一旗为拣芽，一枪二旗为次之，余斯为下茶。"不仅采择之精，而且制作之工，在制茶历史上也算登峰造极了。关于绿茶的加工制作，据蔡襄《茶录》记载：焙茶，"用火常如人体温温，以御湿润。若火多，则茶焦不可食。"对于煎、点使用的蒸青绿

茶，宋代对焙火干燥的认知，比唐代的"候炮出培塿，状虾蟆背"，（陆羽《茶经》）要理性和进步多了。

　　茶发展到宋代，已很少作为单味药使用了。宋徽宗受唐代裴汶的影响，把《茶述》的"其性精清，其味浩洁，其用涤烦，其功致和"，做了进一步的阐述和发挥，准确概括出了中国传统茶道的本质，把茶饮推到了更高雅的精神层面。他在《大观茶论》写道："至若茶之为物，擅瓯闽之秀气，钟山川之灵禀，祛襟涤滞，致清导和，则非庸人孺子可得而知矣，冲淡简洁，韵高致静，则非遑遽之时可得而好尚矣。"静为茶性，清为茶韵，和乃茶魂。宋徽宗对茶饮做出的拔高总结，几乎是一锤定音，不再像从前的著述者那样，拖泥带水，药食难分。这一次，他把茶的药用属性，干净利落地从食饮中彻底剔除，使茶饮清雅高洁的本来面目和内蕴的精神力量，开始显现并熠熠生辉。

唐时的煎茶法，曾如火如荼。到了宋代，在被简易的点茶法取代之后，却逐渐式微，乃至渐渐消亡。南宋以降，宋人抛煎弃煮的历史原因是什么？茶圣陆羽极力推行的煎茶道，在宋代，却被创新式的点茶改弦易辙，这又说明了什么？诸如此类的一些其中缘由，值得我们去审慎思考。一方面，宋代抑武扬文，经济、文化、教育出现了空前的繁荣，人民的生活水平得到了较大的提高。仓廪实而知礼节。当社会的发展，繁荣富足到一定程度，才

会使更多的人，有条件去自由自在地喝茶。在难得的富足与短暂的和平年代，人们才会有闲情有动力，去追求技巧与精致。另一方面，士族文人阶层的日常茶饮，至此才彻底抽离了含混不清的药用、饱腹功能，并把饮茶方式成功打造为代表着高雅、脱俗、精致文化的载体。当皇家贡茶的重心，从江南地区转移到更温暖的建州以后，茶的产量便得到了极大的提高，且采摘标准比唐代更精细。

采得过嫩的绿茶，外观嫩黄，咖啡碱与茶氨酸的含量较高。这样的茶，如果继续沿用唐代的煎煮方式，不仅破坏了高等级绿茶的鲜爽，而且茶汤也会变得苦涩不堪。在此窘境下，如果仍然墨守唐时煎茶的成规，饮下的只能是一碗难咽的苦水。穷则变，变则通，通则久。此时最上乘的办法，就是要打破旧习和阻力，去创造、改良喝茶的崭新方式。推陈出新，用创造去点缀和美化生活，正是人类的伟大之处。宋代王观国《学林》的记载，很有说服力，他说："茶之佳品，其色白，若碧绿色者，乃常品也。茶之佳品，芽蘖微细，不可多得。若取数多者，皆常品也。茶之佳品，皆点啜之；其煎啜之者，皆常品也。"

从陆羽《茶经》的记载来看，煎茶的程序，是非常繁琐和难以拿捏的。要先煎水，后置茶，又要加入适量的盐。假若盐过量了，滋味就会非常尴尬，亦会有损健康。而点茶，是先将茶末调膏于盏中，其后用滚水冲点。点茶技法，类似于我们今天的冲泡法，只不过宋代点茶用的是茶末，且比唐代的茶末粒度更细。而我们今天泡茶，用的是揉捻过的条索茶，减少了搅拌、击拂等环节。若仅从工序上分析，点茶取代煎茶，只不过是颠倒了一下煎水与投茶的顺序而已。

唐代的煎茶，虽然在宋代被更简易的点茶法所取代，但是，煎茶法并没有完全偃旗息鼓，其古雅之风，仍为苏轼、陆游等文人所拥趸，其追随者仍为数不少。北宋徐铉有诗云："任道时新物，须依古法煎。"世易时移，在距离唐朝不远的宋代，已经把煎茶视为古法了。对于煎茶，文人们偏爱和玩味的是其古老的意蕴，并非是滋味有多么可口。如宋人张伯玉的"瓯中尽余绿，物外有深意"，他所表达的，是煎茶所蕴含的余韵风致。另外，古老的羹饮、茗粥，在宋代也并未远去，苏轼《处州水南庵二首》有："偶为老僧煎茗粥，自携修绠汲清泉。"

有一点需要注意，北宋苏轼吃的煎茶，既不同于唐代的陆羽之风，也不同于南宋的陆游之法。东坡吃的煎茶，遗留了老家四川西蜀的传统方式，在茶汤里既加姜又添盐。苏轼在《次韵周穜惠石铫》诗中写道："姜新盐少茶初熟，水渍云蒸藓未干。"在《和蒋夔寄茶》诗中，有"老妻稚子不知爱，一半已入姜盐煎"。苏轼的弟弟苏辙，在《和子瞻煎茶》诗中，也明确记录了他们兄弟的煎茶方式。"煎茶旧法出西蜀，水声火候犹能谙"。"我今倦游思故乡，不学南方与北方"。苏氏兄弟二人，既不学流行于北方的煎茶，也不盲从于南方盛行的点茶，他们喝的是故乡的"茶性仍存偏有味"，品味的是远离西蜀故土的不尽的乡愁。

为了得到更完美的汤花，宋代流行的点茶，脱胎于唐代的煎茶，时间大约为唐代中晚期，具体可见拙作《茶与茶器》的论述。宋代的点茶斗试，首先比拼的是"茶色贵白"。因此，茶的采摘，自然就会趋向更嫩的单芽。宋徽宗把初春刚刚萌发的茶芽，如雀舌、谷粒者，列为高等级茶的原料，甚至还用旷古未闻的、未见光的、甚至不含叶绿素的芽中芽，谓之芽中之最精者，做成龙园胜雪。由于芽茶采得太嫩，滋味不全，香气不足，因此

宋代茶托及茶盏

宋代的贡茶，如蔡襄所记："而入贡者，微以龙脑和膏，欲助其香。"到了宣和初年，宋徽宗严令贡茶不再添加龙脑等香料。熊蕃在《宣和北苑贡茶录》中，对这段历史做了明确的记载："初，贡茶皆入龙脑，至是虑夺真味，始不用焉。"其次，斗茶比拼的是，鲜白乳花浮盏的持久性，即《大观茶论》描写的"乳雾汹涌，溢盏而起，周回凝而不动，谓之咬盏"。

宋代点茶的咬盏，首先与茶粉研磨的细腻度有关，其次与添加的淀粉类辅料有关。曾经"晴窗细乳戏分茶"的陆游，在《入蜀记》中，记下了自己游历镇江的见闻。他写道："赴蔡守饭于丹阳楼。热特甚，堆冰满坐，了无凉意。蔡自点茶，颇工，而茶殊下。同坐熊教授，建宁人，云：'建茶旧杂以米粉，复更以薯蓣，两年来，又更以楮芽，与茶味颇相入，且多乳，惟过梅则无复气味矣。非精识者，未易察也。'"综合上文可知，宋代制作团茶，不仅有添加香料的习惯，而且在古老的建州地区，也有添加米粉、山药、楮芽的传统。

有史料记载，宋仁宗常喝的"檀团"，就是在茶叶中主要添加了檀香，另外，还配比掺入了甘草、麝香、冰片、人参等加工而成。北宋大臣韩琦，晚年定居河南安阳，其私人定制的韩氏团茶配方中，每一斤建安的蒸青茶粉里，是需要添加六钱麝香、六钱冰片、小半斤甘草、小半斤大米的。

# 宋人饮茶量恰当

从健康的角度分析，团茶里添加的香料、米粉、淮山药、楮芽等物质，对饮茶人的健康是有利的。

宋代的点茶技法，从蔡襄的《茶录》分析，包括了炙茶、碾茶、罗茶、候汤、熁盏、注汤、击拂等环节。若仅从点茶程序上分析，宋代的点茶法，的确要比煎茶简单明了很多。但是，为了创造出乳胶状的汤花沫饽，除了用力巧妙地击拂、搅拌外，茶末也要研磨得尽可能细腻。与唐代煎茶，宋代点茶会有更多的时间耗费在茶叶的碾碎、筛分等环节上。如果以此而计，宋人一天喝茶的次数，并不会太多。

从宋代关于茶的诗文来看，宋人吃茶，大多会选择在午后或晚上。苏轼有"雪沫乳花浮午盏"，"煮茗烧栗宜宵征"；陈埴有"午困思茶无处煎"；杜耒有"寒夜客来茶当酒"；刘过有"两厢留烛影，一水试云痕"；文彦博有"蒙顶露芽春味美，湖头月馆夜吟清"；陆游有"山童亦睡熟，汲水自煎茗"。陆放翁，可能是位对咖啡碱不太敏感的典型文人，他在一个"四邻悄无语，灯火正凄冷"的深夜，病后还在独自煎茶，那份熬不住的

茶瘾，那份对茶的执着，令人心疼而又无语。不知道在那个寒冷的冬夜，陆放翁是否会在不眠中依然无眠？饮茶虽是幽冷空寂寒夜里的慰藉与温暖，但是，这种更深夜饮的不良习惯，实在是太伤身体了。

宋代点茶的投茶量，究竟是多少呢？我能查到的最早文献，是苏廙的《十六汤品》关于大壮汤的记载："且一瓯之茗，多不过二钱。"宋代前后，一钱约为今天的4克，这就很容易算出，宋人点一盏茶的投茶量不会超过8克。假设宋人一天饮茶两次，对茶的摄入量，也不会超过16克。况且宋人通过点茶方式，吃下的16克茶末里还掺有他物，茶的纯粹含量是有一定折扣的。因为，团茶里的淀粉等添加物质，也包含在内。宋人的这个饮茶量，不多也不少，还在相对健康合理的饮茶标准之内。宋人喝的是茶末，我们今天饮的是茶汤，饮法虽然有别，但是，茶内含有的可溶于水的浸出物含量，是没有太大悬殊的。

由上可知，在宋代，个人的饮茶量，并不是太大。从健康的角度分析，团茶里添加的香料、米粉、淮山药、楮芽等物质，对饮茶人的健康是有利的。首先，茶里含有淀粉等多糖类，可减少咖啡碱、茶多酚等物质对胃肠的刺激，不会发生低血糖。山药健脾胃、补中气、治诸虚，是很好的保健品，与茶一补一泻，相得益彰。楮芽甘寒无毒，其主要成分与茶多酚无别，还是一味凉血利尿的良药。其次，团茶里面的香料，如麝香、龙脑、檀香等，都是辛温或辛凉的芳香开窍药，虽然会干扰到高等级茶的真香，但却是珍贵难得的保健品，可把过量饮茶的毒副作用，综合降低到最低程度。另外，添加了龙、麝香料的茶，孕妇是要慎用或忌服的，这点要引起特别注意。

不仅如此，宋人还有客来点茶，茶罢点汤的美好习俗。宋代朱彧《萍洲可谈》记载："今世俗客，至则啜茶，去则啜汤。汤取药材甘香者屑之，或温或凉，未有不用甘草者，此俗遍天下。"宋人品完茶之后，再喝一点用甘草等中草药煮出的汤水，该是多么得惬意和舒服！甘草味甘性本温，可补虚益气，调和诸药。即使茶喝得稍多一点，有甘草汤在手，也会消解掉偶尔吃茶过量，造成的那点不良影响的。

在宋代，苏轼是少见的制茶高手。他因乌台诗案被贬黄州后，便躬耕陇亩，在东坡、白鹤岭种植"桃花茶"，曾有诗云："他年雪堂品，空记桃花裔。"我制作的私房茶"桃花绝品"，那种蕴含在干茶、茶汤里的水蜜桃的幽微清馥，品后令人口齿噙香，吐气如兰，禁不住会神醉于"桃花得气美人中"的曼妙无双。受东坡先生的感召与启发，每年我制作此茶，都心怀着对他的高山仰止和深深的追念。在煎茶、点茶、茶理以及饮茶的健康认知上，苏轼那种过人的睿智和四射的光芒，是历史的尘埃遮掩不住的。东坡自幼博览经史，在中医养生方面，也是颇

有建树和影响力的，因此，对苏轼所持的一些饮茶观点，千万不可等闲视之。

苏轼的《汲江煎茶》诗有："枯肠未易禁三碗，坐听荒城长短更。"诗中的"枯肠"，东坡是用典卢仝的"三碗搜枯肠"。为什么嗜茶的卢仝、东坡等文人爱用"枯肠"，而不是肥肠呢？读历史我们知道，卢仝一生未仕，常在山中隐居；乌台诗案以后，东坡一直屡遭贬谪，颠沛流离。他们何曾饱腹过？在《试院煎茶》诗中，东坡自述："我今贫病常苦饥"，"不用撑肠拄腹文字五千卷，但愿一瓯常及睡足日高时"。饥困令他不敢多饮，这大概是苏轼一瓯即可满足的原因。

中医认为，小肠与心相表里，这是诗中用"枯肠"一词，借代心主神明、心藏神志的依据。其中"肠"的用法，与古诗文里的"柔肠寸断"，所表达的伤心至极，有异曲同工之妙。通读《汲江煎茶》一诗，东坡汲水煎茶之后，听到荒城的长短更声传来，说明至少是三更天了。否则，敲打出的不会是"梆！——梆！梆！"的节奏。夜阑更深的苏轼，诗思虽在，却孤苦无依，无物充肠。荒城春夜空寂寂，他反复聆听着，空旷深远且带着回音的打更声，尽管茶涤昏寐，但是，此刻人却更加清醒，悲欢离合，酸甜苦辣，万般心事，才下眉头，却上心头。一个人，在深夜里越清醒，精神上可能会越痛苦。

诗情无法饱腹。深谙医理的东坡明白，深夜、空腹，还是少喝茶为宜。"白发萧萧满霜风"的老苏，是否还禁得住三碗？不然，又该如何度过这沦落异乡的漫漫长夜呢？一蓑烟雨任平生，假如此时朝云尚活着，他还能多一份人间的和暖与宽慰。幸好有茶有诗，否则，一生屡遭艰危、磨难重重的苏轼，即使心境再旷达再洒脱，也扛不住这一次又一次的无情贬谪、生离死别。

# 枯肠未易禁三碗

一个人，若能从淡茶中品出滋味和香气，至少说明此人的身体是健康的，感觉是敏锐的，这也是品茶的较高境界。

　　枯肠未易禁三碗。尽管禁得住三碗不容易，但是仔细想来，健康需要自律，一个无法抵制自己嘴巴诱惑的人，又如何去成就自己的人生呢？深谙医理的东坡，从另一层面提醒人们，在食不饱、力不足的夜晚，尽量少喝茶，喝淡茶，或者不喝茶。对此，苏轼曾深有感触，"归来记所历，耿耿清不眠"；"东坡调诗腹，今夜睡应休"。咖啡碱令人失眠的恹恹痛苦滋味，昏昏难以言表。苏轼夜饮所历，我也感同身受。春季在茶山做茶，常常试茶到深夜，那种因咖啡碱摄入过量，引起的心慌、失眠、恶心、肌肉震颤等，甚至会伴随着一种莫名的抑郁感觉，至今思来，犹在昨日。

　　尽管宋代的某些团茶中，掺有淀粉类等辅料，可以缓和茶对胃肠的刺激，但是，东坡仍能很清醒地察觉到饮茶过量的危害。他在《漱茶说》一文写道："然率皆用中下茶，其上者自不常有，间数日一啜，亦不为害也。此大是有理，而人罕知者。"东坡确实是一个出色的别茶高人。他能敏锐地意识到，中下等茶，因季节、制作、生态等差别，可能会造成咖啡碱、茶多酚等物质的含量过高；或因杀青不透等因素的存在，对这类茶的饮用，如果不加节制，可能会对人体造成过度的刺激或损害。因此，他提倡尽量喝上等茶，且数日一啜为宜，这与我一直倡导的"喝好茶、少喝茶"，其内涵是基本一致的。当然，这里要考虑到古人生活条件的局限，他们可能没有我们今天的富足，体内也没有那么多的累积营养可供消解。但是，这种告诫、提醒、警觉，对我们正确地认知茶，学会健康地去喝茶，是有百利而无一害的。

　　凡事需要趋利避害，理性分析。苏轼并没有因此完全去否定茶的健康功效。他说："除烦去腻，世不可缺茶。"这是他对适量饮茶的充分肯定。"然暗中损人，殆不少。"这句话，才是文章的重点。其后，他又写道："昔人云：自茗饮盛后，人多患气，不复病黄，虽损益相半，而消阳助阴，益不偿损也。""人多患气"，是指饮茶过量，会损人元气。我们饮完茶后，会感觉精神抖擞，实质上是咖啡碱调动了人的元气所致，临时透支了自己的精、气、神。如果长期透支而得不到及时修复，必然会导致气虚体弱。如果再长期饮食不节，不注意营养的全面摄入，就是过劳过量，就会损伤气血。当然，事物的发展变化，还存在着一个从量变到质变的过程。"不复病黄"，是指茶的苦寒可清热燥湿，对湿热引起的黄疸型疾病，有很好的预防功效。现代医学也证明，茶对急性肝损伤，有很显著的修复作用。适量饮茶能够保肝护肝，降低脂肪肝的发病率。此处的"昔人云"，估计苏轼受到了《唐国史补》的影响，据该书的作者李肇记载："故老言：五十年前，多患热黄。""近代悉无，而患腰脚者众耳，疑其茶为之也。"唐代的常伯熊，就因年轻气盛，饮茶过量，导致腰腿风湿疾病缠身，遗恨残生。

等级较低的夏秋茶，往往寒性较重，苦寒伤气。如若过量饮用，不加节制，确实会损伤体内的阳气，打破人体健康的阴阳平衡，这是得不偿失的。

对于等级较低的茶叶，应该去如何利用呢？东坡说："吾有一法，常自珍之，每食已，辄以浓茶漱口，烦腻既去，而脾胃不知。凡肉之在齿间者，得茶浸漱之，乃消缩不觉脱去，不烦挑刺也。而齿便漱濯，缘此渐坚密，蠹病自已。"（《漱茶说》）用浓茶漱口，不但不伤脾胃，而且茶中含有的适量的氟，可以使龋齿再矿化，修复牙釉质，有固齿消炎、去除口臭、预防口腔疾病的良效。《红楼梦》中有这样一段描写："寂然饭毕，各有丫鬟用小茶盘捧上茶来。当日林如海教女以惜福养身，云饭后务待饭粒咽尽，过一时再吃茶，方不伤脾胃。今黛玉见了这里许多事情不合家中之式，不得不随的，少不得一一改过来，因而接了茶。早见人又捧过漱盂来，黛玉也照样漱了口。盥手毕，又捧上茶来，这方是吃的茶。"由此可

见，清代的曹雪芹，早已得东坡真传，把黛玉漱口、吃茶一章，写得细微传神，有礼有节。这也从侧面证明，东坡用浓茶漱口的保健方式，对后世的影响之深之远。

苏轼在《书四戒》里，告诫后人说："甘脆肥浓，命曰腐肠之药。"原文写的虽是厚味、美味，但饮茶又何尝不是呢？中医认为："味厚者为阴"，"味厚则泄"。而陆羽在《茶经》里认为茶："味至寒，为饮最宜精。"按此理论分析，过浓的茶，是不是会更加寒上加寒呢？现代科学也表明，浓茶是有害健康的。浓茶里的草酸含量高，易与人体内的钙离子，形成不溶于水的草酸钙，故常饮浓茶，易患肾结石。水可载舟，亦可覆舟。若常饮淡茶，适量利尿排尿，可增加泌尿系统的自洁能力，有效地防止夏秋季，因体内汗液蒸发过快，致使尿液浓缩而形成晶体沉淀。故常饮茶、饮淡茶，会有很显著的排出小结石、预防肾结石的作用。肾结石常有夏季形成、冬季发病的规律性。上帝为你关闭一道门，同时也会给你打开一扇窗。天地之物，莫不如此。

淡中有味清中贵，人间有味是清欢。清代著名医家吴鞠通在《医医病书》曾有论述："尤必以淡为善者，何也？以味之稍重必偏，且重者必毒，惟淡多甘少者，得中和之气。""且淡开五味之先，不在五味之中，而能统领五味者也。"淡，从本质上看，其实是五味的平衡、阴阳的调和。因"浓"或"过量"而产生的偏性、"毒"性，即是张仲景在《金匮要略》谈到的"若得宜，则益体，害则成疾"。明代学者龙遵叙在《食色绅言》中说："人之受用，自有剂量，省啬淡泊，有久长之理，是可以养寿也。"

一个人，若能从淡茶中品出滋味和香气，至少说明此人的身体是健康的，感觉是敏锐的，这也是品茶的较高境界。苏轼在《书黄子思诗集后》说："梅止于酸，盐止于咸，饮食不可无盐梅，而其美常在咸酸之外。"又说："美在咸酸之外，可以一唱而三叹也。"饮茶之美，不在于浓，在于五味调和，宜寄至味于淡泊。就如饮食之美，必须依靠酸与咸去调味，而不在于酸、咸一样。过苦过涩、偏性较重的茶或茶汤，绝不会是上好美物。佳茗之美，常常游离于苦涩滋味之外，故不宜瀹泡太浓；一唱三叹的味外之味，方是茶中袅袅不尽的韵致。常饮浓茶之人，味觉会被钝化，必然难识茶韵之妙。清代美食大家袁枚诗云："叹息人间至味存，但教鲁莽便失真。"茶浓香短，淡中味长。《菜根谭》里说得好："悠长之趣，不得于醲酽，而得于啜菽饮水；惆恨之怀，不生于枯寂，而是生于品竹调丝。故知浓处味常短，淡中趣独真也。"于此，我们能否会在品茶中，得到一些启示与感应？人生如茶，绘事后素。人之一生，一旦粘腻于外物之浮华处，从此，便心无须臾之安宁了。

东坡有段关于蔡襄玩味茶的逸事，写得非常有趣。他在《东坡志林》写道："蔡君谟嗜茶，老病不能复饮，但把玩而已，看茶而啜墨，亦事之可笑者也。"蔡君谟，就是大名鼎鼎的蔡襄。他著《茶录》，名垂青史。欧阳修为其作后序说："茶为物之至精，而小团又其精者，录序所谓上品龙茶者是也。盖自君谟始造而岁贡焉。"从北宋文坛领袖欧阳修的书序中可以看出，宋代的制茶工艺，走向真正意义上的精致，是从蔡君谟开始的。虽然丁谓做大龙团茶是首创，但精益求精，是止于蔡襄的。宋仁宗赵祯，对小龙团的评价是"尤极精好"，以至于当时的王公将相，都会有"黄金可得，龙团难求"之感叹。不仅如此，蔡襄《茶录》的"茶色贵白"，"茶有真香"，"茶色白，宜黑盏"等独创的观点与审美，为宋代点茶的臻于成熟，奠定了坚实的基础，甚至影响了宋徽宗《大观茶论》的诞生及其审美的形成。

　　如此精于制茶、精于品饮的蔡襄，一生饮茶，晚年却为病疾所困，以致嗜茶的蔡君谟，在半百之年，实在不敢继续吃茶了。君子不滞于物。不为物役、不以己悲的蔡襄，对茶点而不饮，赏而不吃，空嗅其香其味，同样也可以沉浸其中，一玩就是半天。此事堪玩味，毕竟宋代点茶的技艺、汤花，有着很高的玩赏性，在点茶的捉斗中，又包含着一些赌博的色彩，另有茶百戏、漏影春等，这一切，都让晚年好而不敢饮的蔡襄，陶然忘机，乐此不疲。

　　作为智者，蔡襄懂得玩味的智慧，止其所止。真正喜欢茶，品味的是其中的清芬蕴藉，不在乎非要灌一肚子可能有害的茶水，而在于附丽于茶的文化意义及其从中汲取的所感所悟，以安顿精神，愉悦魂灵。苏轼在《天机乌云帖》里，还记录过一段蔡襄热衷斗茶的往事，他写道："杭州营籍周韶，多蓄奇茗，常与君谟斗，胜之。"苏轼在不多的文字里，透露出了蔡襄的一些逸闻趣事。蔡襄喜欢与美女斗茶，屡败屡战，愈战愈勇，为茶也算是"老夫聊发少年狂"了。宋代点茶的玩赏性，在宋代诗词里多有体现。如梅尧臣的"只取胜负相笑呀"；陆游的"茶分细乳玩毫杯"；福全也有"生成盏里水丹青"；等等。

不只是蔡襄体弱多病后不敢饮茶，在李易安的词中，也有"豆蔻连梢煎熟水，莫分茶"的哀婉。李清照在杭州生病期间，服用的是行气温中、化湿消食的豆蔻煎出的熟水。豆蔻辛温，茶性苦寒，二者都具有去湿气，助消化的共同功效。国破家亡，中原沦陷之后，李清照作为一个饱读诗书的好茶之人，不敢分茶、吃茶，不见得是担心茶解药效，而是颠沛流离的孤苦处境，令她彻夜难眠。她首先担忧的应是，茶中的咖啡碱令人不寐的痛楚；其次，是"病起萧萧两鬓华"的易安，深知自己身体虚弱，已无法承受茶饮之重。虽然无茶可饮，但是，门前雨后的木樨花开，也似豆蔻味厚、团茶清冽，隐隐然沁人心脾矣！不是茶香，胜似茶香。

关于茶可解药的记载，最早见之于清代陈元龙的《格致镜

原》。他写道："今人服药不饮茶，恐解药也。"个人认为，陈元龙的观点是片面的、不科学的，这需要具体问题具体分析。以茶送药，早在唐代就有诸多记载。宋代《备急千金要方》的乌梅丸，强调以"空心煎细茶，下三十丸，日二服"。据统计，在宋代的三部官修方书：《太平圣惠方》《圣济总录》《太平惠民和剂局方》，所记载的"以茶送药"方剂，竟多达 381 首。现代应用川芎茶调散时，仍强调以茶送服。虽然在古代医籍中，确有服药"忌茶"的记载，但仅局限于威灵仙、土茯苓、斑蝥、榧子和使君子等少数几味中药及其复方。清代医家章穆在《调疾饮食辩》中讲得很客观，他说："俗传茶能解药。夫药有千百性，但补药忌茶之消，其他岂此一物所能尽解！然此或古医制病人少饮之法，其意甚佳，不必辩也。" 是呀！古仁人有大医之心，心怀苍生，故意讲"茶能解药"，是劝人在患病体弱之时，勿饮茶或少饮茶，喝淡茶，保护元气，颐养身心，以便早日康复。

服用中药期间，饮茶的禁忌很少。如果服用的是西药，茶汤中的咖啡碱、茶多酚及其氧化物的沉淀作用，对此影响较大，一定要根据处方的要求，谨遵医嘱。

# 元代饮茶有禁忌

元代的茶饮，承袭唐宋，但又缺乏唐宋的底蕴与精致，故茶的制作与发展，开始趋向于简单化、实用化。

元代，在中国历史的长河中，只是短短的一瞬，但它确实是茶与茶器发展与过渡中、极其重要而又颇具特色的一段历程。

元代的茶饮，承袭唐宋，但又缺乏唐宋的底蕴与精致，故茶的制作与发展，开始趋向于简单化、实用化。这为散茶的脱颖而出，创造了难得的历史机遇，由此，散茶渐渐开始深入人心，并占据了主导地位。由于蒙古游牧民族喜食肉乳，豪放粗犷，因此，元代整体对茶的认知，又开始偏离宋代清雅的饮用模式，有回溯上古遗风、倾向药物化的特点。

到了元代，建州贡茶的中心，逐渐从建瓯地区向武夷山区转移，茶的制作开始呈现多样化。元代贵族放弃宋人珍视的北苑贡茶，可能与宋代的制茶工艺过于精细以及元人的口味过重有关。首先，因为宋代的龙团凤饼，要榨汁去膏，造成茶汤的口感滋味，会相对淡薄一些；其次，武夷山区的自然生态条件更佳，原生茶树的香气与厚度，整体要好于建瓯。

　　根据王祯的《农书》记载："茶之用有三，曰茗茶，曰末茶，曰蜡茶。"蜡茶即以香膏油润饰之的团饼茶，用料最精。蜡茶在元代，"惟充贡献，民间罕见之"。茗茶，即宋代盛于两浙之间的炒青或蒸青散茶。品饮前，先把茶之嫩芽，用热水冲洗一下，以去熏气和杂味，类似于我们今天的"洗茶"，然后以汤煎之。对此，元代忽思慧的《饮膳正要》（1330）也有记述："清茶，先用水滚过，滤净，下茶芽，少时煎成。"此种饮茶方式，在今天湖南安化的深山村落，仍有余韵流风。

　　元代的末茶，已不同于宋代。其饮法是，"先焙芽令燥，入磨细碾，以供点试"。元初马端临的《文献通考》，也证实了这一点，其中记载："宋人造茶有二类，曰片曰散，片者即龙团。

旧法：散者则不蒸而干之，如今时之茶也。始知南渡之后茶，渐以不蒸为贵矣。"由此可见，元代的炒青、晒青散茶，逐步取代了唐宋以来主流的蒸青团茶。茶渐以"不蒸为贵"，其受众，多以汉族文人与中下阶层人士为主。而元代的蒙古贵族，仍然沿袭、模仿唐宋团茶的饮法。就如明代之后的清代贵族一样，他们一旦掌握了政权，立即又把锅焙茶、安化黑茶、普洱茶等曾经的边销茶纳为贡茶，这大概是民族的记忆或生活的惯性使然。清代精工细作的普洱贡茶，本质上也是唐宋蒸青团茶的翻版。蒸青团茶的发展历程，总会在历史的不同发展阶段，以不同的形式，鲜活强劲地存在着、轮回着，直到今天。这种现象很是奇妙。

广阔的元朝疆域，无疑大大提高了茶叶的运输难度和营销成本，于是，散茶的制作较之过去，不得不增加了"乘湿略揉之"。

造物无言却有情，每于寒尽觉春生。揉捻工艺的出现，如一声惊雷，对茶叶制作技术与品饮方式的影响之大之深，具有划时代的历史意义；为宋代点茶的消亡，埋下了伏笔；为明代的废团改散及现代瀹泡法的出现；为红茶、乌龙茶、黑茶类的诞生，创造了技术条件与无限的可能性。

元代文人蔡廷秀有诗"旋汲新泉煮嫩芽"，描写的是简化革新后的元代煎茶，已明显不同于唐代煎茶的先煎水、后置茶。元代首届状元张起岩的茶诗："鱼眼才过蟹眼生，小团汤鼎发幽馨。"就是茶水同煮的典型的元代煎茶的生动写照。假如把元代煎茶的茶与水的投放顺序,颠倒一下,先置茶入器,后浇以沸水,不就是明代茶的瀹泡法吗?由此可见,瀹泡法在元代极有可能已经存在,只不过少见于记载罢了。耶律楚材有"碧玉深瓯点雪芽",这是传承于宋代的点茶,但其点茶器,已不再是黑褐色的建盏了。李德载的"茶烟一缕轻轻飏,搅动兰膏四座香",描写的是蒙古贵族独具特色的奶茶饮法。元代忽思慧的《饮膳正要》,其中列举的宫廷茶,就有兰膏,酥签、炒茶、清茶、香茶等品类。忽思慧记载的"兰膏",是蒙古民族特色茶饮的一种。其做法为:"兰膏,玉磨末茶三匙头,面、酥油同搅成膏,沸汤点之。"此处要注意一点,元代依点茶而饮的兰膏茶内,与宋代点茶一样,都含有淀粉类等多糖类物质。元代诗人许有壬,在《咏酒兰膏次恕斋韵》也称:"世以酥入茶为兰膏。"由此可见,李德载诗中的"四座香",并非是指茶香,而是指酥油的奶香。蒙古人喝茶,投茶量大,以煮为主,故"味苦涩,煎宜酥油"。在元代,酥油的纯真与否及加入量的多少,成为蒙古贵族、衡量茶饮好与坏的一个重要标准。而汉族文人对待茶,仍保持着唐宋的传统和足够的清醒,张起岩在《煎茶》一诗强调:"莫教移近销金帐,恐被羊羔酒染腥。"

忽思慧的《饮膳正要》,是我国也是世界上最早的关于饮食卫生与营养学的专著。忽思慧是元代的饮膳太医,其饮茶观、健

康观，马首是瞻，自上而下深刻地影响着元代及其后世边疆民族的饮茶习惯。他在《饮膳正要》中写道："凡诸茶，味甘苦，微寒无毒，去痰热、止渴、利小便，消食下气，清神少睡。"从中可知，忽思慧对茶的认识并无新意，他只是总结和传承了元代以前的医籍、文献的观点，一改宋徽宗于茶的清新扑面，又开始重新强调茶的医疗和药用功效。忽思慧所处的特殊地位和蒙古人对汉文化的知之甚少，这两方面的原因交互作用，必然会极大地影响和左右着蒙古贵族的饮茶方式及其对茶叶功效的认知。

茶兴于唐而盛于宋。到了元代，茶的发展，并没有出现明显的衰弱迹象，只不过是其虚荣、浮华、雕琢、精美程度降低了，却更贴近生活。宋代拓宽了茶的社会层面和文化形式，使茶的艺术走向了繁复与奢华的境地。受皇室、宫廷的饮茶风尚带动，饮茶群体逐渐渗透到社会的每一个角落，从皇帝到平民，个个是"倾身事茶不知劳"。北宋李觏说："茶非古也，源于江左，流于天下，浸淫于近代，君子小人靡不嗜也，富贵贫贱靡不用也。"宋代嗜茶，蔚然成风，无论富贵贫贱，均时啜而不宁，这必然会带来形形色色的健康与涉赌问题。宋代刘词在《混俗颐生录》中警告说："时人不能将摄，日高餐饭，空腹吃茶。缘肾纳咸，被盐引茶入肾，令人下焦虚冷，手足疼痹，饭食后吃三、两碗不妨，似饥即不再吃。限丈夫有疬癖、五痔、风疮、冷气、劳瘦、虚损，女人有血气、头风，偏不宜茶。所以消食涤昏烦，空心啜之实僭滥。"刘词的劝诫，可谓针针见血。嗜欲所惑，蹙其性命，是很可悲的。空腹、体虚、体寒、血弱等人，现代医学也证明，不能或不宜过量喝茶。

　　元代贾铭的《饮食须知》，补充和发展了刘词的饮茶禁忌。贾铭认为："大渴及酒后饮茶，寒入肾经，令人腰脚膀胱冷痛，兼患水肿挛痹诸疾。尤忌将盐点茶，或同咸味食，如引贼入肾。空心切不可饮。同榧食，令人身重。饮之宜热，冷饮聚痰，宜少勿多，不饮更妙。酒后多饮浓茶，令吐。""服威灵仙、土茯苓者忌之。服使君子者，忌饮热茶，犯之即泻。"贾铭年逾百岁，是元代著名的养生大家。他在元代就认识到酒后不可饮茶，这是

非常了不起的。酒后饮茶，不但不能解酒，还可能危害肾脏，增加对心脏的刺激。心脏功能不佳的，倘若酒后饮茶，可能会引发严重的后果。茶不能解酒，但适量饮茶，对好酒之人的肝脏，有修复和保健作用。贾铭的"酒后多饮浓茶"，目的并非解酒，而是利用浓茶的催吐作用，令酒醉之人，直接把酒呕吐出来，"其在上者，因而越之"，以减少酒对胃肠和肝脏的毒害。金代的张元素，在论述脾病涌吐之法时，着重提到过使用苦茶。李时珍也认为，茶叶浓煎有催吐功效。或许茶叶浓煎催吐，也可视为茶的解毒作用之一。贾铭提出的不饮冷茶，冷茶有害健康，引用的还是唐代陈藏器的结论。"宜少勿多"，少饮茶，饮淡茶，是科学合理的；贾铭讲的"不饮更妙"，主要是针对元代食不饱、衣不暖的中下层劳苦大众，这在当时是具有积极意义的。历史上有多位医学大家，都曾谆谆告诫："慎勿将盐去点茶，分明引贼入其家。"点茶加盐，可能会影响到肾脏的健康，黄庭坚对此提出过折中的方案。他在《煎茶赋》中写道："寒中瘠气，莫甚于茶。或济之盐，勾贼破家，滑窍走水，又况鸡苏之与胡麻。"在茶汤中加盐，会把寒气引入肾经，这是黄庭坚承认的事实，也是历代医家强调的饮茶禁忌。但黄庭坚固执地认为，在煎茶时，只要加入辛温的紫苏和补益的芝麻，就可避免寒邪伤肾。其实，点茶加盐有无危害，还是涉及一个用量的问题。只要饮茶不过量，适当加点盐倒也无妨，例如民间的擂茶，擂茶可视为是上古姜盐煮茶的遗制，古意犹存。饮茶如果过量，即使加入人参、鹿茸，也无多大益处，那只是黄庭坚的一厢情愿罢了。黄庭坚在《奉谢刘景文送团茶》诗中，就写有："个中渴羌饱汤饼，鸡苏胡麻煮同吃。"

# 明代茶饮重甘寒

明代的饮茶变得自然简洁，尤其注重个人趣味，开始讲究茶品与人品的一致性。

　　朱元璋于乱世中得到天下，建立明朝。励精图治，汰奢尚俭，表现在茶上，便是"至洪武二十四年九日，上以重劳民力，罢造龙团，惟采芽茶以进。其品有四，曰探春、先春、次春、紫笋"。从此饮茶，一瀹便啜，简便异常，"遂开千古茗饮之宗"。（《野获编补遗》）散茶终于名正言顺地登上了历史的舞台，一时裙袂飞扬。亦药亦饮的茶，天趣悉备，至此方能彻底脱去制作与品饮中的所有束缚和羁绊，尽情绽放自己内在的真香、真味，清新可人，韵致初见。

　　元代揉捻工艺的出现以及明代以降散茶的蓬勃发展，推动了黄茶、白茶、红茶、黑茶、乌龙茶的百家争鸣、百花齐放。各茶类的发展、功效与因缘际会，会通过系列专篇在本书详细论述。

　　宋代兴起的点茶之风，到了元代已经没落。点茶在明代消亡的根本原因，就是茶叶揉捻工艺的出现。经过揉捻的茶叶，通过外力破坏茶叶细胞，使茶汁黏附于叶表，缩小了叶片的体积，美

观了外形，利于茶叶的冲泡和内质的浸出，增进了茶叶滋味和香气的形成。实践表明，对于较嫩茶叶的热揉，其湿热作用，有利于茶中的蛋白质和多糖，水解为可溶于水的氨基酸和糖类；使茶多酚发生水解、氧化和异构化，从而增加了茶汤的鲜甜度，降低了茶叶的苦涩度。这也是唐煎宋点必然退出历史舞台的本质所在。

在茶的揉捻工艺没有出现之前，茶的内质在水中的溶解度较低。因此，早期的茶，只有经过蒸捣、碾碎后，用细碎的茶末或煮饮、或煎饮、或点饮。茶的内含物质，经过揉捻很容易浸泡出来之后，再用很繁琐的程序去煮茶、煎茶、点茶，是不是变得有点多余了呢？并且在茶的炙烤、碾碎、煮煎的过程中，不仅会造成茶质的受热氧化，失去了茶的真香真味，而且煎煮经过揉捻的细碎茶末，常常会因茶汤的浸出物浓度过高，而苦涩得难以入口，反而不利于人们的享受与健康。淡远香清，顺滑为上。从这个意义上看，煎茶、点茶等模式，不是被古人玩丢了，而是因不适应时代和健康的进步要求，被历代的有识之士抛弃掉了。鉴于此，我们实在没必要作痛哭流涕状，假道学一般地去盲目恢复，要先弄清楚淘汰的前因后果及其为什么？病树前头万木春。逝者不可追，来者犹可待，最应珍惜和做好的还是当下。

在明代这场崇新改易的茶叶革命中，对后世饮茶思想影响

最大的还是宁王朱权。他在《茶谱》中说："杂以诸香，饰以金彩，不无夺其真味。然天地生物，各遂其性，莫若叶茶，烹而啜之，以遂其自然之性也。"茶遂自然之性，不类唐宋制茶的矫揉造作，朱权以他的王者之气，托志释老，以茶明志，高标逸韵，为明代以降的饮茶文化，奠定了道法自然的基调，使得瀹茶的审美、情趣、格调、追求，愈发精致高雅。

朱权在《茶谱》里，沿袭了前人对茶基本功效的总结："食之能利大肠，去积热，化痰下气，醒睡，解酒，消食，除烦去腻，助兴爽神。"然后他又讲："虽世固不可无茶，然茶性凉，不疾者不宜多饮。"朱权认为：存在上述疾患的人，饮茶需要辨证论治，要遵医嘱，偶尔多饮一些也无妨。但对于大部分的健康人群，就不要盲目过量饮茶。因茶性凉，过饮会有害健康。朱权在《茶谱》中，有意识地把饮茶人群做了简单分类，这无疑是科学的理性的态度。治病处方是医生的职责；保健和预防疾病，才是喝茶的目的所在。纵观当下的茶叶市场，很多茶行业的从业人员，刻意夸大茶的医疗功效，张口闭口就讲茶能治某病，未免也太轻率了吧！不怕药监机构查你违法吗？

在朱权的视野里，茶究竟是什么样子呢？如他所载：茶本是"寄形物外""助兴爽神""泻清臆""破孤闷"之功用。其后的明代文人，风花雪月，煎茶酌茗，独对青山隐隐，目送江水泱泱，对茶的认知与审美，基本没有超越过朱权的窠臼。

明代的饮茶变得自然简洁，尤其注重个人趣味。在文人讲究情趣和茗赏的示范作用下，带动了明代上下、以茶言志、借茶主动养生理念的进一步形成。

明代饮茶，开始讲究茶品与人品的一致性。陆树声与徐渭都提倡："煎茶虽凝清小雅，然要须其人与茶品相得。故其法传于高流大隐，云霞泉石之辈，鱼虾麋鹿之俦。"他们对茶品的审评标准，与宋代基本一致，"茶主于甘滑"。明代张源认为："味以甘润为上，苦涩为下。"罗廪认为："茶色贵白。白而味觉甘鲜，香气扑鼻，乃为精品。"甘鲜、甘润的茶，茶氨酸与可溶性糖的含量都会较高，茶性温和，能够安顿浮生性灵，符合文人趣从静领的精神需求。对于茶叶的采摘季节，明人曾有诗云："采时需是雨前品，煎处当来肘后方。"其中大有深意。综合明人对茶的认知，能够清晰地看出，明人认为保健价值较高的茶，一定是谷雨以前的春茶。头春的茶，得季节生发之气，氨基酸含量高，茶多酚含量恰好，不苦涩，不刺激，入口甘滑细腻。好茶之妙，季节是一个主要因素，还需始造之精，鲜叶杀青要杀得通透、到位；藏之得法，不能发霉、返青；最后还要瀹泡得当，不能浓强苦涩。

事实证明，明人于茶的要求是正确的，是符合科学的养生理念的。明代李中梓的《本草征要》记载："茶享天地至清之气，产于瘠砂之间，专感云露之滋培，不受纤尘之滓秽，故能清

心涤肠胃，为振发之品。昔人多言其苦寒，不利脾胃，及多食发黄消瘦之说，此皆语其粗恶苦涩者耳。故入药须择上品，方有利益。"李中梓认为的茶之上品，就是制作精良的滋味甘寒的春茶，而非"粗恶苦涩"之茶。李中立的《本草原始》讲得更加简洁透彻。他说："细茶宜人，粗茶损人，粗恶苦涩，品类之最下者。"综合两位明代医学大家的观点，我们基本可以清楚，宜人的，是甜润、细嫩、生态较好的春茶；损害人的健康的，是生态欠佳、偏于苦涩的劣质茶。此处茶的"细"与"粗"，并非仅指外形，更多强调的还是茶的内质。另外，就农残而言，夏秋季是病虫害的高发期，故其农残可能会相对较高。

　　明代两位医家的结论，反映到泡茶上，即是茶汤甘滑的，会更益人；过于苦涩的，可能会损人。茶与茶汤相较的高下，其本质，在微观上即是茶中鲜甜温和的氨基酸、糖类与苦涩的茶多酚、咖啡碱之间的比例协调问题；表现在宏观上，就是生态、制作、茶种的差别。五味调和的运用之妙，存乎一心，如何去把控和调节？考验我们的，是对茶的深刻理解和养生智慧的开启与否。

# 时珍饮茶警同好

茶狷酒狂，茶不像酒那么豪迈，所以常常是温柔一刀，「损益于身而日用不知」。

明代废团改散以后，喝茶变得简便异常，一瀹便啜，旋瀹旋啜。尤其是瀹饮法的出现，这种简洁、自然的方式与力量，推动了明代茶产业、茶文化的空前繁荣。据明代万历年间徐光启的《农政全书》记载："夫茶，灵草也。种之则利博，饮之则神清，上而王公贵人之所尚，下而小夫贱隶之所不可阙。诚民生日用之所资，国家课利之一助也。"由此可见，明代的茶饮之盛，国计民生对茶叶的依赖之重。

明代是继唐、宋之后的第三个茶文化高峰。每次茶文化兴旺发达的背后，都会误伤一批饮茶过量的爱茶人。狂热与盲从，容易让人失去理性。茶，风味恬淡，清白可爱。茶狷酒狂，茶不像酒那么热烈、豪迈，所以常常是温柔一刀，"损益于身而日用不知"。明代深得茶理的许次纾，看得最是清楚，他在《茶疏》中专列一章"宜节"，来表达他"茶宜常饮，不宜多饮"的重要观点。他说："常饮则心肺清凉，烦郁顿释。多饮则微伤脾肾，或

泄或寒。盖脾土原润，肾又水乡，宜燥宜温，多或非利也。古人饮水饮汤，后人始易以茶，即饮汤之意。但令色香味备，意已独至，何必过多，反失清洌乎。且茶叶过多，亦损脾肾，与过饮同病。俗人知戒多饮，而不知慎多费，余故备论之。""古人饮水饮汤"，大概是指孟子的"冬日则饮汤，夏日则饮水"。"汤"的本意是指沸水、热水。南北朝以后，"汤"又有了保健的意义，如宋代的甘草汤。南宋袁文的《瓮牖闲评》云："古人客来点茶，茶罢点汤，此常礼也。"此时的"汤"，即是甘草汤，恐客人语多伤气之虞。上文中许次纾的"饮汤之意"，强调的还是茶的预防保健作用。

　　许次纾，是明代真正做到知行合一的文人兼茶人。他的《茶疏》一文，含英咀华，字字珠玑，是明代少见的经验型茶著，尤其是许次纾的饮茶观，非常值得我们去深入学习与思考。他认为：喝茶时，只要具足、鉴赏了茶的形、色、香、味，能够品出茶的意韵，就足够了，何必去求多求浓？茶浓了，自然会伤及脾肾，事与愿违，这又是何苦呢？茶浓香短而苦涩，反而会失去了饮茶的淡雅、清冽之美。单次泡茶的投茶量过多与日常的过量饮茶，同样会有害健康。假如想用茶叶来治疗疾病，那就要尊重医生的处方，对症下药，况且，我们平时的这点饮茶量，是远远达不到治病疗效的。据李时珍引用的唐代咎殷的《食医心镜》记载："赤白下痢。以好茶一斤，炙捣末，浓煎一、二盏服。久患痢者，亦宜服之。"在中国医疗史上，这是我能检索到的比较罕见的一个以茶治病的单方。其用量，至少为炙过的好茶一斤，捣末后，浓煎口服才会有效。唐代的一斤，相当于今天的680克。一次摄入如此巨量的茶叶，对于健康人来讲，明显是大大过量了，不仅可能会损及人体的脾胃和肝脏，而且还有可能致人死亡。传统中医认为："药以治病，因毒为能。谓毒者，以气味之有偏也。"大凡治病用药，不像我们平时饮茶那么随意自在，不仅要考虑到治病的疗效，还要综合顾及中药的配伍平衡，清醒地估算到药物对身体的损益，不能杀敌一千，自伤八百，这同样是得不偿失的。在当今时代，几片黄连素可以治愈的痢疾，何必再去煎煮一斤好茶呢？一斤好茶的单价，一定会比药价贵出多倍，而且还不一定真正见效。另外，煎煮高浓度的茶汤，费力耗时，服用也极不方便。从上述这个典型案例，能够看出某些茶叶退出药物类别、转变为保健食品的些许蛛丝马迹，故黑格尔说："凡是现实的东西，都是合乎理性的。"当然，在今天，茶的这种药、食转型，也得益于时代的进步与科技的发展。

深得茗柯至理的许次纾，在《茶疏》中，清晰记录了他习惯饮茶的投茶量，这对我们进一步了解明代文人的饮茶习惯，显得颇为重要。《茶疏》记载："（茶注）容水半升者，量茶五分，其余以是增减。"明代的一升，与现在基本相同，半升即为500毫升。文震亨在《长物志》中，讲到紫砂壶时说："若得受水半升而形制古洁者，取以注茶，更为适用。"由此可见，在孟臣壶问世以前，容量为500毫升的茶壶，大概是多数文人的标配。明代的一斤是16两制，约为今天的595克。量茶五分，即是今天的1.86克。反观我们今天的泡茶习惯，瀹泡绿茶时，一般为120毫升左右的水量，投茶3克。其饮茶量，是明显大于古人的。当我们仍感觉茶味偏淡，不足以抒发壮志豪情时，古人却饮得津津有味、诗情画意，萧然无世俗之思。有限光阴，无涯尘事，其中的缘由，是我们今天的茶品退化了？寡淡没有滋味了？还是我们过于忙碌和疲惫，以至于身心与味觉变得迟钝了呢？这一切，是不是该引起我们的重视和反思了？

明代茶人的精神领袖朱权，在《茶谱》中说："大抵味清甘而香，久而回味，能爽神者为上。"清甘而香的茶，茶氨酸、糖类含量较高，幽而不寒。这不仅是指一芽一叶的头采春茶，而且也是指瀹泡的淡雅、有回甘的茶汤。由此可察，朱权是颇明医理的。朱权在《茶谱》中还特别交代："然茶性凉，不疾者，不宜多食。"结合《茶谱》开篇列举的茶之功效，此处的"疾"，是指轻微的不舒服，还不足以达到致病状态，如积热、热渴、油腻、心烦等症状。这同时也在说明，茶作为药物去治疗疾病，是很有局限性的，特别能迅速见效的病例，并不多见。假如身体健康，是不可过量饮茶的；若是患有其他疾病，同样也不能多饮，尤其是肝病患者。花赏半开时，凡事须有度。

尽管明代的大部分文人喝茶较淡，但是，作为医学大家的李时珍，还是把身体喝出了问题。他在《本草纲目》中回忆说："时珍早年气盛，每饮新茗必至数碗，轻汗发而肌骨清，颇觉痛快。中年胃气稍损，饮之即觉为害，不痞闷呕恶，即腹冷洞泄。故备述诸说，以警同好焉。又浓茶能令人吐，乃酸苦涌泄为阴之义，非其性能升也。"浓茶催吐，是因为茶叶苦寒属阴，而非升散属阳。简单地讲，当我们服用味道较重的东西，身体都会做出一个应急反应，其表现就是上吐，下泄，汗出、分泌唾液等。如果饮茶过量，茶就会暗中伤人，用一生的健康去换取一时的痛

快，其代价必然是惨重的。李时珍在中年为茶所伤后，他首先纠正了浓茶催吐，非为茶性能升的阳性表现；其次，他又把自己的切肤之痛和教训，很坦诚地公之于众，以警同好。鉴于此，我们今天的爱茶女性，更应当引起高度警觉。宝玉说女人是水做的，千真万确。女人以血为本，故十女九寒。很多女士一天到晚，泡在浓酽的茶汤里，埋头苦喝，这种一不怕苦、二不怕涩的大无畏爱茶精神，是极不明智的。茶性多寒，女性体质属阴，更不可过度贪凉、饮食生冷。一旦健康状况祸起萧墙，都搞不清楚是那道墙出了问题，这的确有些可悲。因此，适量饮茶，悬崖勒马，犹未晚也。李时珍为此还特别强调："民生日用，蹈其弊者，往往皆是，而妇妪受害更多，习俗移人，自不觉尔。"自古女士相对比较感性、被动，易受蛊惑或跟风从众，故往往受害较重，这是多么沉痛的人生领悟！

李时珍根据前人的结论，在《本草纲目》中，对茶的功用重新做了概括。他认为："茶苦而寒，阴中之阴，沉也，降也，最能降火。火为百病，火降则上清矣。然火有五，火有虚实。若少壮胃健之人，心肺脾胃之火多盛，故与茶相宜。温饮则火因寒气而下降，热饮则茶借火气而升散，又兼解酒食之毒，使人神思爽，不昏不睡，此茶之功也。"李时珍在这段论述里，强调了茶是寒性的，降伏的是人体的实火。最适宜喝茶的受众，应该是身体壮实且脾胃强健的人。在饮用时，一定要热饮或温饮，方显茶

功。李时珍在痛定思痛之后，又说："若虚寒及血弱之人，饮之既久，则脾胃恶寒，元气暗损，土不制水，精血潜虚；成痰饮，成痞胀，成痿痹，成黄瘦，成呕逆，成洞泻，成腹痛，成疝瘕，种种内伤，此茶之害也。"为茶所害的受众，多是身体虚寒、气虚血弱之人。这类体质的人，本应多予滋养，尤其要适度增加蛋白质及矿物质元素的摄入量。如果饮茶不加节制，仍反其道而行之，不去反思，反而节食，就如扁鹊见蔡桓公，"有疾在腠理，不治将恐深"，其教训必然是惨痛的。

咖啡碱有成瘾性。长期饮茶者，一旦停饮，可能会出现精神萎靡、身体疲软乏力等症状。基于此，李时珍又说："人有嗜茶成癖者，时时咀嗫不止，久而伤营伤精，血不华色，黄瘁痿弱，抱病不悔，尤可叹惋。"饮茶过量，茶多酚会与蛋白质发生凝固反应，与铁发生络合沉淀，长此以往会造成贫血现象，即是"伤营伤精，血不华色"。一方面饮茶过量，会造成营养不良；另一方面，过量的咖啡碱摄入，会影响肠道内正常钙的吸收与钙盐在骨中的沉积，导致身体缺钙或骨质疏松，故表现为"黄瘁痿弱"。

纵观俯察今日的饮茶风尚，较明代更盛，悖论妄语横行，江湖习气深重，人人大谈饮茶健康，个个不思嗜饮危害，这都是极不理性的表现。近年来，受其害者，比比皆是，正如李时珍所言："蹈其弊者""自不觉尔"。缺乏基本的健康常识，过于自负又不去反思，这才是最令人无奈与可怕的。于此，我与时珍共有一叹！

# 蒸青绿茶自唐始

好茶不怕开水烫，叶底能否耐得住高温的浸泡，是检验茶品优劣的一个重要标志。

　　唐代初期，孟诜在《食疗本草》中，首次记载了茶的制作，需要"蒸、捣经宿"，这意味着蒸青绿茶工艺的从此诞生。陈藏器《本草拾遗》记载的"茶是茗嫩叶，捣成饼，并得火良"，明确了唐代蒸青饼茶的存在，并且进一步认为，用炭火炙烤过的饼茶品质较好。肇始于唐代的蒸青绿茶，由于茶的揉捻工艺还没有产生，因此，茶青经过蒸捣后，如《茶经》所言，经过"拍之"的，就属蒸青饼茶；没有"拍之"环节的，就是陆羽记载的"饮有粗茶、散茶、末茶"。由此可见，唐代绿茶的存在形态，是多种多样的，这也决定了唐代的吃茶方式，肯定不止局限于煮茶与煎茶两种。

　　绿茶的蒸青工艺，因为蒸汽升温快，杀青时间短，蒸汽的穿透力强，所以，最大限度地减少了叶绿素的损失。但是，由于鲜叶中酶的活性钝化太快，可能会造成香气物质的减少。蒸青绿茶与炒青绿茶相比，颜色翠绿而香气偏低，这是蒸青绿茶最终会被

炒青绿茶取代的重要原因之一。迄今为止，只剩下了湖北的恩施玉露还沿用蒸青手法。恩施玉露的遗留至今，得益于地理位置的偏之一隅。故孔子说："礼失，求诸野。"其中蕴含的哲理是一致的。

中唐时，刘禹锡的《西山兰若试茶歌》中，有"斯须炒成满室香，便酌砌下金沙水"之句。这说明在唐代，炒青绿茶工艺已经开始跃跃欲试，只是太过小众，没有引起人们的足够重视，或缺乏炒青的完善设备而无法推广开来。唐代悠扬扑鼻的炒青茶香，驱散了刘禹锡昨夜未消的酒气，清峭彻骨的茶味，使人烦襟顿开。"欲知花乳清冷味，须是眠云跂石人。"诗内茶外，蕴含着刘禹锡如茶一般的不同污、不合流的高洁操守。"丈夫无特达，虽贵犹碌碌！"就是他一生的信仰与写照。

北宋欧阳修记载的日铸茶，就是典型的炒青茶。他在《归田录》写道："草茶盛于两浙，两浙之品，日铸第一。"日铸茶，又名"日注茶"，产于浙江绍兴会稽山的日铸岭，是源远流长的历史名茶，也是明朝张岱创制兰雪茶的原料。绍兴，是陆游的故乡，他在《安国院试茶》诗后，自注家乡的日铸茶时写道："日铸则越茶矣，不团不饼，而曰炒青，曰苍鹰爪，则撮泡矣！"从中可知，一生爱茶的陆游，大概是最早关注并记录绿茶撮泡饮法的文人。"杭俗烹茶，用细茗置茶瓯，以沸汤点之，名为撮泡。"是明代陈师在《茶考》的记载。由此可以判断，明代流行于杭州的撮泡法，大概是受到了绍兴日铸茶的泡法影响，而日铸茶的撮泡，在宋代就业已存在。即使在明代初期，撮泡法仍旧是小众行为，对此，"北客多哂之，予亦不满"。这也从侧面进一步证实了，在明代中早期的炒青绿茶，并没占有主导地位或得到广泛普及。到了清代乾隆时期，茹敦和在《越言释》里，对撮泡法做了解读，他说："撮泡茶者，即叶茶，撮茶叶入盖碗中而泡之也。"

很有意思的是，撮泡法在宋代已有据可查，可是，为什么到了明代中后期，才渐渐异军突起呢？其根本的原因在于，如陈师所载，撮泡法是"况杂以他果，亦有不相入者"，因此常常遭到某类文人的讥讽与嫌弃。发轫于民间的撮泡法，历史悠久，可追溯至唐宋，乃至更早。在饥荒的年代，民间待客以费钱、饱腹为恭敬，为表达内心的热忱与真诚，便常常在茶瓯内加些水果、干果、蔬菜、蜜糖等当下的稀缺物品，亦名果子茶。于是，不事稼穑，不知民间疾苦的某些文人，曾调侃撮泡法："食竟则摩腹而起，盖疗饥之上药，非止渴之本谋，其于茶亦了无干涉也。""虽名为茶，实与茶风马牛"。由是撮泡之茶，遂至为世诟病。不同阶层的茶饮，各取所需，各得其所，其实本无分别，它既是无饥馑之苦阶层的雅人深致，也是引车贩浆、贩夫走卒的闲暇之乐，无所谓谁俗谁雅，俗了的是人狭隘的内心。

茶的发展到了明代，已彻底脱去了元代饮茶浓重的酥油味道，渐渐呈现崇新改易，一派清新自然气象。如朱权所言："又将有裨于修养之道矣"，"以遂其自然之性也"。朱权对明代饮茶、制茶的话语权及影响力，可谓登高一呼，电照风行。茶的制作发展，从唐宋的蒸青团茶，逐渐解放为蒸青散茶为主，又从蒸青散茶逐渐过渡为炒青散茶。炒青散茶香高味厚，滋味浓烈，显然与明代文人所追求的淡雅清妙相违和，于是，清幽甜纯，天下最号精绝的烘青绿茶，在苏州的虎丘寺诞生了。徐渭有诗："虎丘春茗妙烘蒸。"文震孟赞美虎丘茶，"色香与味在常品外"。虎丘茶的问世，深刻地影响了明代最为时尚的松萝茶的诞生，这才使郑板桥口齿噙香，写下了"最爱晚凉佳客至，一壶新茗泡松萝"的佳句。文震亨洗却诗肠，留下了"撮泡松萝浅碗茶"的清绝。虎丘茶的出现，像一缕清风吹过，影响了明代诸多名优绿茶的制作技术，使得明代茶的发展整体又开始趋向精致，滋味更趋清雅。

炒青绿茶和烘青绿茶，在初期的鲜叶摊凉、杀青、揉捻等工序上，是基本一致的。两者的区别在于：炒青绿茶的干燥，是在锅内通过热的传导炒干的；而烘青绿茶是在揉捻之后，利用炭火或热风，依靠空气对流烘干的。烘青茶在烘干的过程中，由于湿热作用，可溶性的糖类与氨基酸的含量会显著增加。虽然烘青绿茶的香气物质，可能会低于炒青绿茶，但是，其茶汤会趋于淡雅鲜甜，香气清幽，火味偏轻。烘青绿茶特有的乳嫩清滑，馥郁鼻端，此时畅饮的味趣，可为知者道，难与众人言。一如明代罗廪《茶解》所记："山堂夜坐，手烹香茗。至水火相战，俨听松涛。倾泻入瓯，云光缥缈，一段幽趣，故难与俗人言。"

绿茶，是采摘茶树较嫩的芽、叶，经过摊凉水解、杀青、揉捻、干燥后，形成的具备外观绿、叶底绿、茶汤黄绿的"三绿"特征的干茶。

绿茶的杀青，宜高温杀青，先高后低。初始，要求叶面温度至少在80℃以上，以确保酶的活性在尽可能短的时间内丧失，有效制止多酚类物质的氧化。其后，适当降低温度，此时要兼顾

茶青内含物质的转化，同时蒸发掉鲜叶内的部分水分，使叶子变软，为揉捻造形创造条件。随着水分的蒸发，借助热化学反应，挥发掉鲜叶中具有青草气且低沸点的芳香物质，使高沸点的芳香物质显露出来，从而形成绿茶特有的清香气息。因此，杀青是绿茶制作过程中，最为关键的技术环节。

绿茶的揉捻，是形成扁形、螺形、针形、颗粒状等多种外形的必要工序。通过借助外力揉捻，破碎茶叶细胞，缩小茶叶体积，使茶汁黏附在茶叶表面，对提高茶汤的浓度起着重要作用。茶的揉捻，要看茶做茶，区别对待。对于高等级绿茶，随着嫩度的增加，揉捻强度宜小；对于云南大叶种茶青，为减少茶汤的苦涩滋味，增加耐泡度，现在的揉捻趋于弱化，这势必会影响到茶叶的后期转化。

杀青，是形成绿茶香气的主要工序；干燥，对绿茶的香气形成更是至关重要。在绿茶的加工过程中，一方面，涩味较重、收敛性强的酯型儿茶素，在湿热条件下会水解为简单儿茶素和没食子酸，使茶汤的回甘明显，滋味醇和，苦涩度降低。另一方面，在湿热作用下，蛋白质发生水解，使鲜甜的氨基酸类增加；部分多糖类水解，使得可溶性糖类增加；部分原果胶物质水解为可溶性果胶物质，增加了茶汤的厚度。这些鲜、甜、厚味等可溶性物质的增加，意味着茶的温热性能的相对提高。其总含量越高，茶性就越趋于温和。

咖啡碱，在绿茶的加工过程中，虽然变化不大，但其含量，受杀青、干燥等加热环节的影响，呈同步降低的趋势。咖啡碱的减少，意味着茶之苦味、寒性的降低。加之在茶的制作过程中，温热性物质的相对增加，因此，加工优良、生态较好的绿茶，其寒性总体是下降的。

当茶汤里的糖类、氨基酸类、果胶物质的含量较高时，咖啡碱的苦味以及多酚类物质的涩味，会被鲜甜的滋味所覆盖或令其减弱，从而构成茶类风格各异的悦人滋味。当茶汤的滋味偏甜，茶汤的刺激性就弱，寒性趋于温和，茶性就会由"寒"弱化为"凉"。当茶汤的滋味苦涩，随着苦涩强度的增加，茶汤会更趋于寒凉，并逐步由"凉"强化为"寒"与"大寒"。凉、寒、大寒三者之间，没有本质的区别，只是寒凉程度的强弱不同而已。

绿茶因高温杀青的原因，其氧化程度最低，故显毫白，从而具足了茶类中最全、最新鲜的滋味。"鲜"，是绿茶最重要的品质特征，从而决定了其格调的清雅脱俗。杜甫有诗"人情逐鲜美，物贱事已睽"；欧阳修有"都城百物斗新鲜"；朱淑真也有"酿红酝绿斗新鲜"。好茶，五味调和，而"鲜"居五味调和之首，亦是人间最美的滋味。为确保绿茶中鲜甜的茶氨酸不被降解，绿茶的采摘，既要保证茶青的嫩度，又要"凌露采焉"。宋徽宗《大观茶论》也强调："撷茶以黎明，见日则止。"

清香妙质总宜人。好的春茶，茶氨酸含量高，多翠绿中泛嫩

黄，茶汤清甜，茶性温和，气息清新，品之愉悦，啜苦咽甘。外观相对偏绿的绿茶，往往茶汤苦涩，茶性寒凉，刺激性重。

绿茶性寒，寒则热之，宜用热水冲泡。若人生凉薄，也宜守心自暖。好茶不怕开水烫，叶底能否耐得住高温的浸泡，是检验茶品优劣的一个重要标准。既然绿茶杀青的叶面温度在80℃以上，说明绿茶的香气及其内质，是在高温条件下的去芜存菁形成的，这就决定了绿茶的冲泡水温，至少不能低于80℃。暖处偏知香气深，否则会因之寡淡无味。很多人担忧高温泡茶，会破坏维生素C和茶氨酸，其实，这是对茶中维生素C和茶氨酸的误读。首先，茶氨酸的性质非常稳定，即使把茶叶煮沸5分钟，其含量和性质，是不会发生任何改变的。其次，维生素C是一种己糖醛基酸，在碱性、中性、光照条件下不稳定，很容易氧化变质。如果温度超过80℃，可能会受到严重破坏。但是，维生素C在茶汤这个独特的酸性条件下，就能保持相对稳定的完整状态。据绿茶的实验室测定，溶于茶汤中的维生素C，在80℃的水温下浸煮5分钟，其含量仅被破坏掉15%。当加热茶汤至100℃时，在连续保持10分钟的极端条件下，最多能破坏掉83%。由此可见，溶解在茶汤内的维生素C，是非常稳定的，不会轻易受到破坏。况且，我们泡茶注水的温度，即使是沸水，在水与茶接触的瞬间，水温最高也不会超过95℃。

茶季刚刚炒出的绿茶，寒火并重，可浅尝辄止，不宜多饮。绿茶的"火"，其实是在茶叶加工过程中，水分降低形成的燥气。这种燥气，是茶叶因受热破坏的氢键，重新又在饮茶者的口腔里恢复，短时间内消耗掉了口腔里的自由水，由此造成了口腔内水分的暂时的相对短缺而已。故饮各类新茶时，都会产生口舌、咽喉干燥的不同程度的不适感。这种类似口干舌燥的现象，不止见于绿茶，在品饮红茶、乌龙茶等多种茶类中，都会或轻或重地遇到过。其本质，是杀青、干燥、焙火等工艺环节造成的，是加热等外部因素造成的口腔、咽喉的不适感，与农残基本无涉，与内在的茶性更无关联。

由于在新茶中，存在着活性较强的儿茶素、咖啡碱以及未经氧化的多酚类、醛类、醇类等物质，对于人类的胃肠黏膜和其他器官，都会造成一定的刺激作用，因此，面对新茶，一定不要饮得过多或过浓，否则，容易导致严重的"茶醉"现象。故体虚胃弱、失眠、心血管疾病患者，在品饮新茶时尤应注意。

当新茶把在杀青或干燥过程中，吸收蕴含的热量慢慢释放出来，茶的"火气"就算退掉了。其实，这是一个茶叶的醇化、熟化、自趋完美的必要过程。新茶的咖啡碱含量较高，故寒性较重、刺激性较强。待以时日，当刺激性较强的酚类、醇类、醛类进一步的氧化、缩合，等咖啡碱的含量日趋降低之后，不但茶的香气会更纯粹幽雅，滋味会更甜润，茶汤也会变得细腻顺滑。一般来讲，新茶存放半月之后，一定会有着不小的变化，可能会产生"纵使相逢应不识"的错觉。如果是明前春茶，"且更从容等待他"，其最佳的品饮期，自然是在一个月之后的立夏。周亮工有诗云："雨前虽好但嫌新，火气未除莫接唇。"

# 源远流长说红茶

古人习惯于绿茶的品饮，对发酵或氧化红变的茶，缺乏科学的认知。

　　元代揉捻技术的出现以及明代散茶的解放，为制茶发酵技术的诞生提供了可能。中国红茶最早大约是出现在明代晚期。其技术的启蒙和来源，必然是在绿茶的制作过程中，因某事件的突然发生，茶青来不及杀青或揉捻后来不及烘干等，经自然发酵、氧化红变而成。

　　红茶既然诞生了，那么，为什么很少见之于文献记载呢？因为直到今天为止，中国仍然是绿茶大国。在数百年前的明代，上层社会消费的几乎全是绿茶。黑茶类偏安于边疆，产量巨大却默默无闻。明末清初的周亮工，在《闽茶曲》自注云："前朝不贵闽茶，即贡，只堪供宫中浣濯瓯盏之需。"前朝，即是明代。为什么明代不重视闽茶呢？周亮工又在《闽小记》中继续解释说："武夷、夆崗、紫帽、龙山，皆产茶。僧拙于焙，既采则先蒸后焙，故色多紫赤，只堪供宫中浣濯用耳。近有以松萝法制之者，既试之，色香亦具足，经旬月，则紫赤如故。"茶叶出现难堪的紫赤如故，其原因首先是，那时的武夷山，经废团改散后，茶叶的制作还停留在蒸青散茶阶段，大概是杀青不够彻底的原因，尚有残余的多酚氧化酶的存在，茶叶容易氧化红变。其次是，当时的僧人或者茶农，还没有完全掌握焙茶的干燥技术，无意识或没有能力把茶叶的含水率降到6%以下，导致成品茶的含水率过高，造成后期茶叶的紫赤如故。另外，古人也缺少我们今天的密封技术和密封材料。因此，制作完毕的茶叶，经过一段时间之后，可能因上述各种因素，便自然发酵而发生红变了。

古人习惯于绿茶的品饮，对发酵或者氧化红变的茶，缺乏科学的认知。他们甚至把红变后的茶叶，误认为是变质或者霉变，故不堪饮用，这也在情理之中。假如历史可以重现，我们再把红茶的制作过程，还原到明末，也确实存在着因缺乏技术或不经意等，造成茶叶过度发酵或发酵后没有及时烘干的可能，导致酸馊、霉变的"红茶"出现。这类茶，在当时恐怕还没有红茶之名，只能称为变质的绿茶吧！

即使到了科学如此昌明的今天，我们真正习惯于喝红茶，也是在2004年以后的事情。宋代黄儒的《品茶要录》记载：制作的茶，如果"试时色非鲜白，水脚微红者，过时之病也"。宋代人们对茶的汤色的认知是，如果汤色微红了，便是制作造成的错误。清代著名医家王孟英，在《随息居饮食谱》（1861）中说："茶以春采色青，炒焙得法，收藏不泄气者良。色红者，已经蒸

崇山峻岭的桐木关

瘫，失其清涤之性，不能解渴，易成停饮也。"在民国以前的成品茶，由于缺少规范统一的茶叶生产标准，往往是各自为政，可能会造成干茶的含水率偏高，又缺少我们今天的密封保存技术，因此，绿茶容易返青、受潮，轻则红变，重则变质发霉。变了质的茶，霉菌超标，饮后容易发生呕吐、腹泻、腹痛、眩晕等不良症状。王孟英讲的色红的茶叶，失其清涤之性，是特指杀青不透、焙火不足、霉变泛红的绿茶。由于早期缺乏完善的红茶制作工艺，大部分国人平时又基本接触不到红茶，因此，古人很容易经验性地把保存不当的红变、霉变的茶叶，与工艺红茶混为一谈。这恐怕也是国人当时不喝红茶的最主要的原因。

在明末的桐木关，由于当地的土著居民，对红茶也存在着一些误解，因此，他们几乎不喝自己做出的红茶，恐怕他们当时也不清楚，这类茶究竟是为何物？当赖以为生的茶叶，在制作过程中，遭遇突发或意外的原因发生红变了，且在自己的产区又没有市场，那该怎么办呢？迫于生计，就要想办法卖到远远的地方去。连自己都不屑去喝的红茶，用什么燃料去烘干呢？自然是最容易得到且最廉价的松柴。穷途并非末路，一切皆有可能。当时，恰逢明末海外贸易的兴起，荷兰人把武夷红茶带到欧洲，这一切无法言说的因缘巧合，推动了风靡世界的正山小种红茶的发展。欧洲人青睐红茶，与其气候偏凉、冬季漫长且潮湿有关。暖色调的红汤茶，在遥远的异国他乡，一盏在手，无论是谁，都会

发酵的红茶茶青

由衷地感觉到别样的温馨与暖意融融。正山小种红茶与祁门安茶的销售情况非常类似，都是墙内开花墙外香的典型案例。

乾隆十八年（1753），刘埥在《片刻余闲集》记载："凡岩茶，皆各岩僧道采摘焙制，远近贾客于九曲内各寺庙购觅，市中无售者。洲茶皆民间挑卖，行铺收买。山之第九曲尽处有星村镇，为行家萃聚所。外有本省邵武、江西广信等处所产之茶，黑色红汤，土名'江西乌'，皆售于星村各行。"刘埥作为崇安县令，对于辖区内本地茶的销售状况，一定会比其他文人更加熟悉，更何况他又是爱茶之人。刘埥在《片刻余闲集》继续写道："余为崇安令，五年，至去任时，计所收藏未半斤。"我们试想，当时武夷山地区的最高行政领导，为官五年，所收藏的武夷岩茶不足半斤，这说明了什么？由此可以基本证实，上好的武夷岩茶，在乾隆年间的产量极少，在市场上根本不可能随意买到，只能去寺庙购觅。也就是说，此时采自各名岩制作的武夷岩茶，还不可能真正形成商品，更不可能出口外销。在乾隆年间，武夷山能形成大宗商品外销的，就只有武夷山的洲茶所制作的红乌龙、绿茶、红茶，还有桐木关的正山小种红茶、江西乌等。早在雍正十二年（1734），同为崇安县令的陆廷灿，在《续茶经》里引《随见录》，进一步佐证了刘靖对名岩名丛茶的记载。他写道："武夷茶在山上者为岩茶，水边者为洲茶。岩茶为上，洲茶次之。岩茶北山者为上，南山者次之。南北两山，又以所产之岩名为名，其最佳者，名曰工夫茶。工夫之上，又有小种，则以树名为名，每株不过数两，不可多得。"

江西乌，属于红乌龙一类。当时人们眼中的红茶，主要分为两类，一类是条索较细的工夫红茶，一类是条索粗大的红乌龙。清末柴萼《梵天庐丛录》记载："山中产茶，红茶中最佳之乌龙，即武夷山所产。"胡秉枢《茶务佥载》写道："乌龙以宁州最佳。"宁州乌龙，即是江西修水的宁红。至光绪初年，祁门红茶的注册商标，名称用的还是"赤山乌龙"字样；永昌茶号的商标，也为"祁山乌龙"。2012年左右，我问茶祁门时，还能买到祁门乌龙。无论是宁州乌龙，还是祁门乌龙，在当地都是对条索粗大红茶的称谓。在武夷山的桐木关，至今还遗存有红乌龙的说法。

清末胡秉枢的《茶务佥载》，很清晰地记载了红茶与红乌龙的制法。他写道：江西宁州的红乌龙，采摘后先在太阳下暴晒，待枝叶柔软后，揉捻成条索状，放入竹木器中压紧，盖上被子，完成第一次发酵。"约片刻后，其叶由青色尽变微红"，然后高温杀青。杀青完毕后的茶青，又移至另一低温炒锅内，随炒随揉，趁热揉捻。这一步骤，类似于过去红茶的"过红锅"工艺，待条索紧结后，再收起来，继续压紧在竹木器中，完成第二次的深度发酵。"大约一小时许，俟其叶变成

桐木关原产的金骏眉

红色"，移出焙干，乃成。

而红茶的做法，则是把鲜叶晒萎软后，揉捻成条索状，如上文所述，第一次发酵为"叶尽变成微红色"。取出，在太阳底下晒至半干，又收入竹器内盖被，当叶变为红色后，在太阳下摊晒至极干，最后挑拣、火焙。湖北《崇阳县志》也有记载："道光季年（1850），粤商买茶，其制，采细叶暴日中揉之，不用火炮，雨天用炭烘干。往外洋卖之，名红茶。"

从胡秉枢和《崇阳县志》的记载可以看出，当时中国大部分地区红茶的做法，属于晒红茶。在过去贫穷的山区，木柴也是难得的民生资源。如果做茶的季节赶上晴天，晒红茶是最节能、成本最低的干燥方式。但此时桐木关的红茶有所不同，多为松柴明火的烟熏工艺。武夷山的做茶季，多为阴雨天气，茶青的萎凋、发酵、烘干等工序，就必须借助青楼完成。因此，制作烟熏小种红茶的青楼，就成为桐木关做茶必不可少的基础设施。过去的武夷红茶，选择用含油量较高的马尾松，作为茶青萎凋和烘干的燃料，是山里民众的不二选择。在缺衣少食的困苦岁月，山民们不可能拿盖房子、做家具的优质良材，去作为制茶的烘焙燃料的，都会能省则省、物尽其用。半丝半缕，恒念物力维艰。

最早制作红乌龙的茶青，要比制作红茶的原料粗老些。为什么二者会同时存在呢？这可能与当时的红茶出口缺乏统一的验收标准有关，只需达到色乌汤红、外观近似即可，这就为红乌龙向红茶工艺上的靠拢，提供了机缘和可能。从制程上分析，红乌龙大概是在武夷松萝茶向武夷岩茶的演化过程中，因不同人群、不同人家的制茶工艺差异，形成的与岩茶并列存在的同一茶类。采用名岩名丛精制的小品种茶，称为岩茶，多存在于寺庙；利用周边稍差的茶青，制作的产量较大的茶类，叫作红乌龙，多为茶农制作。红乌龙与岩茶的并存和发展，此起彼伏，类似一个跷跷板游戏。此后武夷岩茶的发展历程也表明：当红茶的出口兴旺，岩茶的产量就低；当岩茶的市场崛起，红乌龙就几近销声匿迹。红乌龙既类岩茶，又似红茶，它在省略了乌龙茶的繁琐做青环节的同时，提高了制茶的效率。既满足了出口的要求，又保证了产量之需。红乌龙的制作工艺，与桐木关的红茶相比，多了一道杀青工艺。其根本原因，首先是传统茶区做茶的习惯使然。其次，可能是为了保留更多的儿茶素等内含物质不被氧化，使茶汤的滋味更浓强，香气更高扬。我国台湾地区今天所产的东方美人茶，在发酵程度上，还能找到过去红乌龙的影子。

中国在元代实行海禁。明代隆庆元年（1567）的一段时间，海禁解除，促进了海外贸易的发展。据《清代通史》记载："明末崇祯十三年（1640），红茶始由荷兰转至英伦。"《崇安县新志》有记："1666年，华茶由荷兰东印度公司输入欧洲。1680年，欧人已以茶为日常饮料，且以武夷茶为华茶之总称，此为武夷茶之新世纪。"1689年，荷兰战败，英国东印度公司的商船首

制作传统松烟小种红茶的青楼一角

次靠泊厦门港，收购并垄断了欧洲的武夷红茶贸易，自此，正山小种红茶开始风靡欧洲。

大约在1835年，印度开始利用机器研制红碎茶，制茶效率空前提高。而中国的红茶制作，尚停留在手揉脚踩的原始阶段。大约在1870年前后，中国的红茶出口开始出现衰退。红茶危机的出现，不外乎如下原因：首先，清政府的腐败无能，社会动荡，茶税、厘金过高，劳动效率低下，造成运销成本过高。原始落后的晒红工艺，使得制茶过于受到阴雨天的限制，造成茶叶品质的时好时差。其次，出口茶的掺假、造假严重，也是红茶衰弱的一个重要原因。对此，清末《红茶制法说略》写得很清楚："而尤大

雨天的桐木关

之病，在多作伪。如绿茶之染色，红茶之掺土，甚至取杂树之叶充茶出售，坏华商之名誉，蹙华茶之销路，莫此为最。"最后，英国政府对国际茶叶市场的操纵和反向宣传。成本较低的印度、斯里兰卡机制红茶的崛起等。宣统年间的《南海县志》，基本证实了上述结论。据此记载："茶叶从前为出口货大宗，现在出口之数，历年递减。光绪十八年出口尚有六万五千担，至二十八年，出口不过二万四千担。盖西人多向锡兰、印度购茶，以其价廉也。前后仅距十年，销数之锐减已如是，中国茶业之失败，亦大略可观矣。"

从红茶的发展历史来看，红茶的制作工艺，主要包括萎凋、揉捻、发酵、烘干等环节。在怎样的温度、湿度条件下发酵，是决定红茶品质形成的核心环节。红茶的发酵，本质上是借助萎凋，提高鲜叶中酶的活性，借此完成以儿茶素为主的酶促氧化过程。实验室的研究结果表明：红茶茶汤内的水溶性茶多酚的保留量，一般都保持在50%～55%。这个关键的数值，既说明了红茶并非是茶多酚的全发酵，又证明了红茶在后期的储存过程中，仍具有丰富的内质和广阔的转化空间。

在红茶的发酵过程中，茶多酚通过氧化、聚合，形成了分子量更高的茶黄素和茶红素等特征物质。对茶的寒性影响较大的咖啡碱，在鲜叶的萎凋过程中是明显增加的，但是，它会因发酵温度的不同，与茶红素形成不溶于水的不等量的复合沉淀物，沉积在叶底中，很明显地降低了红茶的寒凉性。在传统红茶的烘干过程中，咖啡碱的含量，会因自身的升华作用而减少。因此，溶于茶汤中的咖啡碱，一部分又会与茶黄素、茶红素形成复合物，使得真正呈游离状态的咖啡碱含量锐减，这是高等级红茶甜醇不寒的真正原因。

茶树喜湿耐阴的生长环境及其咖啡碱的存在，决定了所有的茶类，都是寒性的。其寒性，根据咖啡碱与糖类、氨基酸等温性物质所占的组分比例，又分为大寒、寒、微寒、凉、微凉等不同程度。

过去的红茶，基本是用苦涩的夏秋茶制作，又多为晒红，

咖啡碱含量高，刺激性强，故常用牛奶调饮。现在的红茶，基本是依靠机器完成茶青的揉捻，其萎凋程度比过去要重很多，以减少茶青的破碎率。尤其是以正山小种为代表的高等级传统红茶，生态绝佳，茶青基本为成熟度较高的头春茶。经高温干燥并多次复火后，茶中的咖啡碱含量较低，可溶性糖类、果胶与氨基酸的含量较高，故桐木关的红茶，汤色金黄清透，柔和清甜，多呈花果蜜香。这类甘甜、柔和、几无苦涩味道的红茶，其茶性是微凉的，刺激性较弱，而非民间以讹传讹的热性。桐木关的高等级传统红茶，茶性是微凉的，并非是说所有的红茶都是微凉的，这就需要具体问题具体分析。如果该红茶的茶青较嫩，又采自夏秋季，发酵轻，焙火轻，茶汤苦涩，那么，此茶仍是刺激性很强的寒性茶。其寒性，甚至会超过高等级的头春绿茶。

从某种意义上讲，我们平时认为的绿茶寒、红茶温、白茶凉等说辞，都不见得是准确的。倘若比较六大类茶的寒性高低，必须是同一个山场、同一个季节，相同嫩度的同一批茶青，在焙火程度几近相同的前提下，去综合评价，得出的结论，才有可能是相对客观、准确的。

红茶经过发酵，涩味较重的酯型儿茶素，大部分会被氧化成茶黄素。其咖啡碱的含量，可能会因不同季节、茶青老嫩、发酵程度、焙火工艺等因素的不同，而呈现得或高或低。红茶的茶汤、滋味，因工艺原因而变得醇和、刺激性弱，有促进消化的作用，但这并不意味着红茶有"养胃"的功效。助消化和养胃，是两个大相径庭的概念。养胃，其实就是以"五谷为养"，不暴饮暴食，少给自己的胃添麻烦、增负担，还要注意营养均衡，细嚼慢咽，作息规律，少吃生冷等。所谓的"养"，就是顺四时，适寒暑，养气血、调情志，应该是自身的协调与完善，反求诸己，莫向外求。

市场上的很多红茶，有的可能比绿茶还要寒凉、刺激，这需要视茶而论。红茶入口的清甜、醇和、温柔、刺激性低，常使人放松警惕。自古暗箭难防，其微弱的刺激，甚至连胃肠也觉察不到，可谓是甜蜜里的温柔一刀，因此，饮而不贪，适可而止，才是养生之道。

只要茶汤中含有咖啡碱与酯型儿茶素，且浓度稍高，就一定不利于肠胃的健康。在饮茶后，如果感觉胃胀、不舒服，就需要及时消减饮茶量，进一步地降低茶汤的浓度。胃肠不佳的人，就要少饮茶、喝淡茶，更不可空腹喝茶。如果胃肠不良，对茶又实在难以割舍，也不必"寸寸柔肠，盈盈粉泪"，只需在淡茶中加些牛奶、姜汁调饮即可。

# 清代名茶纷纷见

青少年还是尽量不喝茶、少喝茶为佳。如果实在要喝，一定是淡茶少饮。

　　饮茶从唐至明，一直存在着雅与俗的纷争。到了清代，饮茶人群不断沿着雅与俗的边界，向两端拓展、聚集，并交融为可雅可俗、雅俗共赏，尤其是茶馆、茶庄、茶号、茶行的纷纷出现，标志着中国茶，已经真正融入各阶层人民的日常生活，列入柴、米、油、盐、酱、醋等寻常之物之中。另外，在清代，茶树无性扦插繁育技术的发明，极大地推动了茶叶产量与品质的不断提高，为武夷岩茶、政和与福鼎大白茶的出现，奠定了良好的品种茶的选育基础。

　　清代茶的发展，继承发扬了明代及其之前的成就，在此基础上，迎来了难得的百花齐放、六茶同春。西湖龙井、碧螺春、罗岕茶、六安茶等新茶种、新茶类，此起彼伏，不断涌现。闽北乌龙茶，受明代松萝茶的技术影响，由蒸青散茶改为炒烘结合。之后，半青半红的武夷松萝，面对旬月后"紫赤如故"的不堪，经过复焙，使之一色，便同时诞生了武夷岩茶和红乌龙。"溪茶遂

仿岩茶样，先炒后焙不争差。"清代僧人释超全在《安溪茶歌》里，翔实记述了安溪乌龙茶，通过模仿闽北武夷茶而独树一帜的历史背景。武夷岩茶的制作技术，之后接连影响了闽南乌龙茶和潮州凤凰单丛的诞生。闽南乌龙茶的品种与制作技术，继而又影响到了台湾乌龙茶的崛起。其证据链，可参见拙作《茶与茶器》的考证。

武夷岩茶，是在被明代宫廷抛弃之后，在仿制松萝茶不成的境况下，继而绝地重生的。闲花散落填书帙。武夷岩茶的真正崛起，与白茶类似，都是伴随着红茶出口的衰落，而后逐渐成长起来的。也就是说，武夷岩茶的发展壮大，从无量到有量，一旦茁壮成长起来，就是为出口服务的侨销茶。据记载：清代光绪年间（1875~1908），为武夷岩茶生产制作的最盛时期，年产可达50万斤。后受战争的影响减产，到1924年，年产尚有20万斤。除国内销售的年平均1.2万斤外，余均销于南洋以及美国旧金山等地，而消费者与经营运销者，基本同为华侨商人，这即是"侨销茶"之名的由来。到1941年，南洋沦为战区，武夷岩茶侨销告绝。此时，岩茶的产量，尚能维持在300担（3万斤）左右。到新中国成立前夕，武夷岩茶的产量，只剩1万斤左右。

武夷山大红袍石刻

桐木关的松烟小种红茶，自明末诞生以来，一直以出口为主，影响着各地红茶的纷纷兴起。鸦片战争以后，开辟五口通商，茶叶出口供不应求。1886年之后，随着印度、锡兰红茶的崛起，由于清政府的腐败、太平天国战争、英国对茶的操纵、国内某些红茶的质次价高等原因，致使中国出口欧美的红茶、绿茶销售一败涂地。

红茶、绿茶出口销路的日益壅塞，国内又消耗不掉如此多的茶叶，接踵而至的惨况，必然是茶园荒芜、民生凋敝。据《政和县志》记载："清咸、同年间（1851～1874），菜茶（小茶）最盛，均制红茶，以销外洋。嗣后逐渐衰落，邑人改植大白茶。"巧妇难为无米之炊。只有在大白茶改植成功以后，具备了好的茶青原料，才能做出品质优良的白毫银针。光绪十五年（1889），政和开始首制白毫银针。白茶类在光绪年间开始生产，算不上什么重大发明，这在当时纯属是另辟蹊径，也是茶叶市场滞销、无奈之下的自谋出路。茶叶制作换个花样，主要是为开拓华人较多的南洋和港澳市场。政和白茶和福鼎白茶在光绪年间的出现时间，与中国红茶、绿茶在国际市场上的出口受阻与败落，基本是吻合的。

清代，是我国继元朝之后的第二个少数民族实行统治的时期。满、蒙自古友好，有着同样的"饮乳食肉"习俗及喝边销茶加牛奶调饮的习惯。因此，在雍正皇帝对云南少数民族实行"改土归流"，真正控制了云南各方势力以后，普洱茶作为贡茶，进入以肉食为主的清代贵族的视野，是历史的必然。

据中国第一历史档案馆藏的《宫中杂件》记载："光绪二十六年二月初一日起，至二十八年二月初一日止，皇上用普洱茶，每日用一两五钱，一个月共享二斤十三两，一年共享普洱茶三十六斤九两。用锅焙茶，每日用一两五钱，一个月共享二斤十三两，一年共享锅焙茶三十六斤九两。一年陆续漱口用普洱茶十二两。"读完这则皇室资料，我们可能会惊讶于光绪皇帝的用茶量之大，甚至会感到不可思议。从《清稗类钞》的记载可知，满族和蒙古族人，长期有着喝奶茶的习惯，一般每日喝2～3次。清代进贡的普洱团茶和锅焙茶，主要是为煮奶茶所用，不同于我们今天的清饮。从清宫对茶的记载来看，清代的普洱茶并非鹤立鸡群、一茶独大。我们今天不太注意的四川锅焙茶，与普洱团茶一样，都是清代比较重要的贡茶之一，皆为清宫贵族们天天必需的煮奶用茶。

锅焙茶，在宋代就是贡茶，又叫火番饼、邢业茶，以邢姓制造得名也。清嘉庆《邛州直隶州志》转载宋代《元丰九域志》说："邛州贡茶，造茶为饼，二两，印龙凤形于上，饰以金箔，每八饼为一斤，入贡，俗名砖茶。"清人吴秋农也有记载："锅焙茶，产于邛崃火井漕，竹箬裹囊封，远至西藏，味最浓冽，能荡涤腥膻厚味，喇嘛珍为上品。"从上述文献能够看出，在清

代、包括之前的文献中记载的"砖茶"，不见得是普洱茶，而是历史悠久的四川邛崃黑茶。早期的锅焙茶与普洱团茶的制作工艺近似，都是蒸青紧压的绿茶。清代吴闻世，有《答竹君惠锅焙茶》诗："临邛早春出锅焙，仿佛蒙山露芽翠。压膏入臼筑万杵，紫饼月团留古意。火井槽边万树丛，马驮车载千城通。性醇味厚解毒疠，紫茶一出凡品空。""压膏入臼筑万杵"，在今天湖南安化独具特色的千两茶的制作中，依稀还能看到旧时制茶的斑驳的时光印记。

随着清代的西风东渐，国人开始从生化层面对茶有了更深的认识，这是历史与科技的巨大进步。不过，这种进步也有局限，

其最大的局限性在于：现代的科学研究，过于强调茶中某一种成分的作用，忽视了茶毕竟是以咖啡碱作为独特组分的综合呈现及其各组分之间天然的拮抗、协同作用。例如茶多酚、黄酮等，它们并不是茶中独有的成分，假如在科研中，过于强调或突出除咖啡碱以外的某个成分的作用，就会在不觉间偏离了茶的本质与实相，由此得出的结论，就是失之客观与片面的。看山不是山，识茶已非茶，如瞎子摸象，甚至会南辕北辙。西方的哲学思维，过于强调细分，过于注重自我，习惯了以"我"这个个体来观察实证的世界，对茶的认知，往往会忽略掉整体观念与仰观俯察。

清末徐珂的《清稗类钞》认为："茶类为茶、咖啡、可可等。此等饮料，少用之可以兴奋神经，使忘疲劳，多则有害心脏之作用。入夜饮之，易致不眠。"咖啡碱可直接兴奋心肌，使心跳加快，兴奋交感神经，容易诱发心律失常，故快速性心律失常的患者，不宜喝茶或者慎饮。相反，学会适量饮茶，可以有效地降低"三高"，改善血管的不正常状况，降低心脏病发作的可能性。徐珂又说："茶之上者，制自嫩叶幼芽，间以花蕊，其能香气袭人者，以此耳。劣茶则成之老叶枝干。枝干含制革盐最多，此物为茶中最多之部，故饮劣茶，害尤甚也。茶味皆得之茶素，茶素能刺激神经。饮茶觉神旺心清，能彻夜不眠者以此。然枵腹饮之，使人头晕神乱，如中酒然，是曰茶醉。茶之功用，仍恃水之热力。食后饮之，可助消化力。西人加以糖乳，故亦能益人，然非茶之功也。茶中妨害消化最甚者，为制革盐。此物不易融化，惟大烹久浸始出。若仅加以沸水，味足即倾出，饮之无害也。吾人饮茶颇合法，特有时浸渍过久，为可忧耳。久煮之茶，味苦色黄，以之制革则佳，置之腹中不可也。青年男女年在十五六以下者，以不近茶为宜。其神经系统，幼而易伤，又健于胃，无需茶之必要，为父母者宜戒之。"

上文中的"茶素"，是特指茶中的咖啡碱。咖啡碱能够缓解肌肉疲劳，通过刺激胃肠，促进胃液的持续分泌，相应地就具有

武夷山马头岩

了消食、化滞、去腻的作用。物无美恶，过则为灾。如果饮茶过量，就会刺激胃部分泌更多的胃液。若再枵腹而饮，不仅会导致严重的"茶醉"现象，而且也会加重对胃肠的刺激，导致胃肠疾病的发生或趋恶化。

"制革盐"，是早期人们对茶多酚的误解。植物中的茶多酚和鞣酸，都属于鞣质，但二者的分子结构存在着巨大的差异，名称近似又属同类，这是二者容易混淆，致使茶类长期背黑锅的主要原因。真正的鞣酸，是可以水解的。而茶内的鞣质，属于缩合鞣质，不能被酸、碱水解，它是茶叶中的三十多种酚类物质的总称。现代科学研究表明：茶中几乎不含有水解鞣酸，儿茶素是属于不能被酸碱水解的缩合鞣质，它对胃肠没有多少损害性，这一点一定要分清楚。如同猫和虎都同属于猫科，但猫并不是虎一样。

上文不提倡婴幼儿、青少年饮茶，这是有科学依据的。茶汤进入人体内，一般会在45分钟之内，被胃和小肠全部吸收。由于咖啡碱的代谢，是在肝脏内进行的，因此，肝脏的健康与否，决定着它对咖啡碱代谢能力的快与慢。对于健康的成年人来讲，由于咖啡碱的半衰期，大约为3～4个小时，因此，咖啡碱在体内的代谢时间，最低为8～10个小时；而怀孕的女性，代谢完体内的咖啡碱，大约需要18～22个小时。从这个角度来讲，孕妇是不适合饮茶的，尤其是咖啡碱含量较高的浓茶，容易使胎动增加，甚至会影响胎儿的正常发育。另外，茶多酚会妨碍孕妇对铁的吸收，有引发妊娠期贫血的危险，胎儿也有可能因此罹患先天性的缺铁性贫血。如果肝脏存在疾患，咖啡碱会在体内累积，其代谢时间，可能会延长至一周左右。婴幼儿或者儿童，因肝脏发育尚未成熟或其代谢功能仍不强大，所以，咖啡碱在身体内的代谢停留时间，要大大高于成人。研究结果表明：咖啡碱在婴幼儿体内的代谢时间，可能会长达30个小时左右。搞清楚了这些道理，我们就会明白，学龄前的儿童，尽量不建议喝茶，茶饮对他们基本属于禁区。青少年时期，正处于长身体的关键阶段，新陈代谢旺盛，学业功课繁重，对营养的需求也会比成年人高出许多，机体的调节系统和排泄系统的发育还不够完善。在这个人生的黄金阶段，一旦发生饮食的搭配不合理，营养的摄入如果不够均衡，就会影响青少年的正常生长发育。从这个意义上讲，青少年还是尽量不喝茶、少喝茶为佳。如果实在要喝，一定是淡茶少饮。在身体发育的高峰时期，如果长期饮茶或过量饮茶，就可能造成失眠、尿频、营养缺乏以及其他发育不良等问题，后果不可谓不严重。总之，婴幼儿、青少年饮茶，理应慎重，"为父母者宜戒之"，这是善意的提醒，也是严重的警告。一棵幼苗，一定是勤肥水，善呵护，才会枝叶繁茂，长成参天大树，其理一也。

# 黄茶闷黄有甘香

黄茶作为一个独特的茶类，甜香宜人，茶性偏于温和，其独特的韵味，是其他茶类无法替代的，本来幽微难从俗。

　　黄茶一词的最早记载，见之于唐代李肇的《唐国史补》，其中写道："寿州有霍山黄芽、蕲州有蕲门团黄，而浮梁商货不在焉。"此时的黄芽、团黄，还不是现代真正意义上的黄茶类。它是自然界里，颜色泛黄的较嫩的黄芽茶、黄叶茶的统称。欧阳修有诗："共约试团黄、何茶有此香。"陆羽《茶经》中写道："宿制者则黑，日成者则黄。"此处饼茶的"黄"，指的是当日做成的饼茶表面的自然色泽。头采的春茶，氨基酸含量高，多泛嫩黄色。宋代黄儒的《品茶要录》记载："试时色黄而粟纹大者，过熟之病也。然虽过熟，愈于不熟，甘香之味胜也。"黄儒很智慧地意识到，假设茶在蒸青时，茶叶发生了黄变、过熟现象，虽然颜色不再翠绿如初，但是，其滋味会更加甜香。两弊相衡取其轻，过熟的则比杀青不透的茶，品质提高了许多，也算是"好事尽从难处得"了。这其实是黄茶发展的"曙光东向欲胧明"，是黄茶制作技术即将破土前的萌动。在茶色尚白的宋代，能如此理性地从茶品的缺憾中认知到茶黄之美，确实是难能可贵的。

据《大明会典》（1576）记载：隆庆五年（1571），"又定买茶中马事宜"，"收买真细好茶，毋分黑黄正附，一例蒸晒，每篦重不过七斤。"这表明在明末的蒸青茶中，已有了黑茶与黄茶的分野。发酵重的属于黑茶，发酵轻的，已初步具备了黄茶的特点。

明代万历年间，许次纾在《茶疏》写道："顾彼山中不善制造，就于食铛大薪炒焙，未及出釜，业已焦枯，讵堪用哉？兼以

蒙顶黄芽

竹造巨箬，乘热便贮，虽有绿枝紫笋，辄就萎黄，仅供下食，奚堪品斗。"山中茶农不善制茶的结果，就是在茶的杀青、干燥、存储过程中，使叶绿素在高温、湿热的影响下，部分受到破坏，故而发生茶青的黄变。绿枝紫笋一旦色泽萎黄，就被认为是品质低劣的标志。许次纾批评的，就是当地制茶技术的不过关。如此焦枯、闷黄的茶，只能"仅供下食"，又怎能用于品评斗茶呢？

明代崇祯年间，闻龙《茶笺》中记载："炒时，须一人从傍扇之，以祛热气，否则色香味俱减。予所亲试，扇者色翠，不扇色黄。炒起出铛时，置大瓷盘中，仍须急扇，令热气稍退。"在崇尚绿茶的明代，"扇"祛热气，以避免茶的闷黄，似乎是做

好绿茶的不二法门。为避免茶叶的黄变，不仅在杀青时，需设专人去扇除热气，而且在茶青的出锅揉捻前，更需加大风力去扇。这说明，明代的制茶师傅，已经搞清楚了茶叶黄变不翠的根本原因，在他们和消费者的心目中，暂时还不能真正接受黄茶的存在。

综合从明末隆庆至崇祯年间的文献记载，我们能够清晰地看出，到明末清初，还不可能有真正意义上的黄茶类存在与市场交易。

关于黄茶工艺的确切记载，见之于光绪年间赵懿的《蒙顶茶说》，其中写道："每芽只连拣取一叶，先火而焙之。焙用新釜，燃猛火，以纸裹叶熨釜中，候半焉，出而揉之，诸僧围坐一案，复一一开所揉，匀摊纸上，弸于釜口烘令干，又精拣其青润完洁者为正片贡茶。茶经焙，稍粗则叶背焦黄，稍嫩则黯黑，此皆剔为余茶，不登贡品。"四川名山县的县令赵懿，详细记述了蒙顶山的僧人，共同制作蒙顶黄芽贡茶的细节。用透气性良好的竹纸和竹叶，先把茶包裹住加温闷黄，其后再揉捻复烘。上述记载，很确凿地证实了黄茶在清代业已存在的事实，并被皇室列为敬天祭祖的贡茶。

真正意义上的黄茶类出现，一定是在炒青技术成熟以后，借鉴过去制作绿茶时、发生黄变的失败经验，通过炒黄、闷黄等技法，提高茶叶品质的一种方式。

　　黄茶的加工，一般包含摊凉、杀青、揉捻、闷黄、干燥等基本环节。

　　杀青，是黄茶加工的重要工序之一。通过杀青以钝化酶的活性，促进茶青内含物质的转化，这对黄茶后期的变化乃至成茶的品质，都会起到非常重要的作用。黄茶的杀青温度较绿茶稍低，采用多闷少抛的技法，以营造高温湿热的环境，使叶绿素受到较大程度的破坏而降解；同时多酚类化合物，发生非酶性自动氧化和异构化，生成少量的茶黄素，这是黄茶形成黄汤、黄叶的主要物质基础。

　　揉捻，可以促进黄茶的黄变。如果揉捻过重，就会造成茶汁

损失过多，而使茶汤寡淡。因此，对于茶质较嫩的黄芽茶，可以省掉揉捻环节，如蒙顶黄芽、君山银针等。对于茶青粗老的黄叶茶，适度揉捻是非常必要的。因闷黄工艺的客观存在，若是揉捻过重，不利于黄茶品质的整体提高。

闷黄工艺，是影响黄茶品质的关键工序，对黄茶的黄汤、黄叶、香气以及醇厚鲜甜的高品质的形成至关重要。黄茶在杀青后闷黄，由于茶叶的含水量较高，其湿热作用可促使蛋白质发生水解和热解，表现为氨基酸总量的上升；使多糖类发生水解，可溶性糖的含量略有增加。受闷黄工序的影响，生成的部分茶黄素会与茶汤中的咖啡碱发生络合，可使游离的咖啡碱减少20%左右。

湿热作用还会使苦涩的酯型儿茶素减少，简单儿茶素的含量增加，使得黄茶的滋味，不苦不涩而甜醇，这是黄茶区别于绿茶鲜爽滋味的根本所在。

黄茶的制作，经过了杀青和闷黄，使得可溶性糖类与氨基酸的含量增加，咖啡碱减少了大约20%，因此，黄茶甘醇味厚，汤滑水细，基本消除了苦味、涩味、鲜爽滋味。与绿茶相比，黄茶茶性更趋温和，对胃肠的刺激减缓很多，即使饮得稍浓一点，也无明显的不适感觉。

黄茶作为一个独特的茶类，甜香宜人，茶性偏于温和，其独特的韵味，是其他茶类无法替代的。本来幽微难从俗。近几年的黄茶市场，萎缩十分严重，在市场上，基本见不到真正闷黄到位的黄茶，很多人已经不识黄茶真滋味。其根本原因在于：黄茶的制作工艺复杂，对闷黄的把握较难，制作起来耗时费力，还不见得能够成功。市场上的黄茶，要么闷黄太轻，近似绿茶；要么闷黄过度，会有一股不愉悦的水闷、酸腐味道。这种非黄非绿或者外黄芯绿的"假黄茶"，仅有黄茶之名而无黄茶之实，到头来，闷黄不足的黄茶，外观不如绿茶翠绿，滋味不如红茶甜醇，苦涩、鲜爽又雷同绿茶，其品质自然无法得到市场的认可与青睐。而从业者，又不愿为此付出更多的成本和努力，这就是今天的黄茶市场集体沦陷的怪现状。岁月悠悠，欲说黄茶好困惑。

我一度曾对市场上的所谓"黄茶"绝望过，在国内各地的

系列课程中，我也很少去讲黄茶，因为找不到能够打动我且符合
"静清和私房茶"标准的样茶。功夫不负有心人。2018年的清明
时节，我正好在长沙授课，偶尔喝到一款雅安学生带来的蒙顶黄
芽，品后暗暗大喜，内心思忖，这不就是我要苦苦寻觅的传统黄
茶吗？课程结束后的第二天，我果断买了直飞成都的机票，满怀
信心地奔赴蒙顶山，大有"仗剑天涯，任行远，誓不空还"的气
概。在蒙顶山，精选高海拔的老川茶，历时半个多月，从杀青、
闷黄、烘干诸环节，严格把关，亲力亲为，终于做出了20余斤令
人惊喜的传统蒙顶黄芽。

　　蒙顶黄芽制作的实践，让我明白，甘醇、温和、甜香，才是
黄茶的本来面目。近年来，一哄而上的所谓大师茶，把人们对茶
应持有的正确理念带偏了，甚至混淆了是非真相。嫩度较高的黄
芽茶，在闷黄时，一定要把含水率降到较低的水平，尽可能去干
坯闷黄。我们成功制作的这批黄茶，仅使茶芽稍稍发生黄变，就
需要耗时12个小时。其后至闷黄到位，所消耗的时间竟长达5天之
久。较长时间的闷黄，所付出的代价就是红变芽多，损耗极高。
最终的结果表明，这批黄芽的内质丰厚，茶汤杏黄明亮，细腻黏
稠，滋味甘甜，无任何的苦涩与收敛感，花香浓郁兼有淡淡的果
香，耐泡度在十水以上。其优异的品质与表现，基本颠覆了过去
我对黄茶的认知。由此我能感悟到，不是黄茶的品质不好，影响
了市场的认可度；而是当下，少有人肯俯下身来，下足功夫去用

心做茶。如果仍把绿茶的"鲜爽"滋味，误以为是黄茶的审评标准而去照猫画虎，那基本可以预言，如此做出的黄茶，是不会有明天的！

黄茶在加工过程中，轻微发酵的闷黄，造就了黄茶干茶黄、汤色黄、叶底黄的"三黄"特征。由于在整个轻微发酵的过程中，没有茶红素的生成，因此，黄茶的显毫，是白色的。

《红楼梦》中，描写了贾母在妙玉的栊翠庵内喝茶的情景，期间贾母道："我不吃六安茶"，妙玉笑说："知道，这是老君眉。"贾母才吃了酒肉，为什么会直接表明自己不喝六安茶呢？因为深谙养生之道的贾母清楚，六安茶是绿茶，味重性寒，不太适合身体虚弱的老年人饮用。明末陈霆，在《两山墨谈》中谈到六安茶时，他说："六安茶为天下第一。有司包贡之余，例馈权贵与朝士之故旧者。"在清代的北京，能够品到六安贡茶的人，自然是非富即贵，这也隐隐衬出了妙玉身世背景的不俗。徽人张英在《聪训斋语》记有："六安如野士，皆可为岁寒之交。六安尤养脾，食饱最宜。但鄙性好多饮茶，终日不离瓯碗，为宜节约耳！"此处的"养脾"，是指助消化，因脾主运化水谷，故言。在梁实秋先生笔下的六安茶，是叶大而绿，饮之有荒野的气息扑鼻。有资料表明，在七十年代之前，六安传统茶区中的群体种，25％为大叶种，60％为中叶种，小叶种仅占15％。这个品种比例告诉我们，六安茶的咖啡碱含量，相对于其他的小叶种绿茶而言，确实是偏高的。所以，六安茶性偏寒凉，助消化，容易刺激胃肠，降血糖较快。鉴于此，张英又说："予少年嗜六安茶，中年饮武夷而甘，后乃知岕茶之妙，此三种可以终老，其他不必问矣。"张英是清代重臣张廷玉的父亲，官至文华殿大学士兼礼部尚书，他很明白，性寒而重的茶叶，适用于身体壮实之人。这也是贾母不饮六安茶的根本原因。

在武夷茶作为外销茶出口，国人还没有完全接受红汤茶的清代，老人、身体虚弱之人饮茶的不二选择，就只有在清代蓬勃发展的黄茶了。妙玉给贾母泡的老君眉，一定是白毫密布，茶芽弯弯，形如太上老君额上的寿眉了。其鲜白光净，佛家谓之最殊胜的"白毫相光"。据同治年间的《巴陵县志》记载："君山贡茶，自国朝乾隆四十六年开始，每岁贡十八斤。谷雨前，知县遣人，监山僧采制一旗一枪，白毛耸然，俗呼白毛尖。"君山银针外形的"白毛耸然"，应该是最近似老君眉外观的茶了。有很多学者说，贾母喝的老君眉是白毫银针，这就更乖离基本的养生常识了。首先，老年爱吃甜烂之食的贾母，此时连绿茶都不多喝，更何况是茶性愈加寒凉的白茶了。其次，在清代中早期，福鼎、政和的白毫银针，既没有作为贡茶的历史证据，也没有批量生产的文字记载。

# 白茶不炒也不揉

白茶类从史前，历唐宋，至元初，一直或隐或现、或多或少，在民间薪火相传着，从来就没有绝迹过。

在唐代以前，没有确切的文献能够证实茶杀青工艺的存在，也没有关于揉捻工艺的任何记载。由此我们只能认为，在唐代以前煮饮的茶，就是利用阳光作为热源晒干的自然而然的原始白茶。在生产力尚不发达的时代，利用日光能晒干茶青，消耗的能源和占用的劳动力是最少的，这与彼时的工具简单及农业生产技术的落后有关。

到了宋代，宋徽宗在《大观茶论》里，有了关于白茶的详细记载："白茶自为一种，与常茶不同，其条敷阐，其叶莹薄。崖林之间，偶然生出，虽非人力所可致。有者不过四五家，生者不过一二株，所造止于二三胯而已。芽英不多，尤难蒸焙，汤火一失，则已变而为常品。须制造精微，运度得宜，则表里昭彻，如玉之在璞，它无与伦也；浅焙亦有之，但品不及。"其中，宋徽宗描述了白茶树的长势，叶片的嫩薄莹白，又说蒸焙尤难。从中可知，宋徽宗喜欢的白茶，是茶树自然变异后、叶绿素含量较低

的白叶茶，一如当今的安吉白茶、白鸡冠等品种。从加工方式来看，应属于蒸青绿茶。

关于白叶茶，在北宋初期曾贵为贡茶。据宋太宗时期的《太平寰宇记》记载："同峡州，今贡黄蜡、白茶、椒、马鞭、苎麻、亭麻子。"宋代的峡州，位于今天的湖北宜昌地区。该书又写道："《郡国志》云：永嘉有三京湾，无所不容。谚云：人有能食者，云'腹如三京湾'，即此也。白茶山在邑界。"邑界，是指在永嘉县城的边界上。在陆羽的《茶经》里，有关于白茶山的记载："永嘉县东三百里有白茶山。"唐代的三百里，相当于今天的130公里。古代计算路途的距离，是按照蜿蜒曲折的古驿路来计算的。古人在山区修路，多凭借平缓的山脚、川流而建，不像我们今天可以依靠大型设备，如此神速的逢山开道、遇水架桥。宋代王存的《元丰九域志》记载："永嘉郡地里，东北至本州岛界三百里。""自界首至福州一千二百九十三里。"从上述可以看出，王存的记载与《太平寰宇记》的"白茶山在邑界"，在地理上是基本吻合的。另外，北宋官修的《太平御览》也记载："《永嘉图经》曰：县东有白茶山。"上述文献，很确凿地证实了白茶山就在永嘉境内。白茶山究竟位于现在的何处呢？按照唐代古驿路一站为30里计算，至雁荡山正好为10个驿站。那么，陆羽记载的白茶山，即是永嘉东北部的雁荡山。明代《雁山志》写道："每春清明日，采摘芽茶进贡，一旗一枪而白色者，曰明茶；谷雨日采者曰雨茶，此上品也。"上文中记载的白色的明茶，可能是指白叶茶，也有可能是指杀青后白毫较多的绿茶品种。根据历史的记载，结合我对茶山多年的考察发现，茶树的白化现象，在茶区是偶然可见的。茶树的这种叶绿素缺失的变异现象，在一些茶区的有性品种茶园里都依稀可以见到，但数量较少。

现在的很多学者为了达到商业目的，想方设法去证明《茶经》记载的"白茶山"与福鼎有联系，一厢情愿地把永嘉的"白茶山"与福鼎白茶拉郎配，然后，不惜去修改、胡乱解读《茶经》，信口雌黄地宣讲："陆羽在《茶经》中，把'西'错记为'东'了。"这种说法，不仅荒诞无稽，而且贻笑大方。如此大言不惭地认为：陆羽把永嘉县的东、西方向记错了，也未免太不严谨和令人失望了吧！大胆假设不错，尚需小心求证。即使是陆羽错了，但是，北宋官修的《太平御览》和《永嘉图经》的记载，是不会同时错的。

宋代宋子安的《东溪试茶录》记载："茶之名有七：一曰白叶茶，民间大重，出于近岁，园焙时有之；地不以山川远近，发不以社之先后，芽叶如纸，民间以为茶瑞，取其第一者为斗茶，而气味殊薄，非食茶之比。"宋子安的"芽叶如纸"，与宋徽宗《大观茶论》的"其叶莹薄"是一致的，都是对白叶茶的叶张薄嫩的表达。类似的白叶茶，蔡襄在《端明集》中也有记载："王

福建政和竹林里的白叶茶

家白茶闻于天下，其人名大诏。白茶唯一株，岁可作五七饼，如五铢钱大。方其盛时，高视茶山，莫敢与之角。一饼值钱一千，非其亲故，不可得也。终为园家以计枯其株。予过建安，大诏垂涕为余言其事。今年枯蘖辄生一枝，造成一饼，小于五铢。"当建安的王大诏，把唯一的那个珍罕异常的小白茶饼，千里迢迢地送给蔡君谟时，爱茶成癖的蔡襄，焉能不因之深深感动？苏轼有诗："自云叶家白，颇胜山中醲。"叶家白、王家白，都是宋代珍稀的白叶茶的代表。另外，宋代学者刘学箕，寄迹浙湖时，曾有诗《白茶山》："白茶诚异品，天赋玉玲珑。"

在武夷山、桐木关、政和、安化、顾渚山等茶的主产区，在其他很多地区的荒野茶山上，我均见过宋人笔下描述的白叶茶。在桐木关一株野茶的不同枝干上，我曾见过白叶、紫叶、黄叶、绿叶四种颜色的共生、变异现象。可见，因变异而存在的白叶茶，自古至今，在各茶产区都能见到，只不过这类野生的白化茶，数量不多，很难量产，故显得珍贵。

宋元时期，著名学者马端临在《文献通考》中，对生晒白茶类，有过记载："宋人造茶有二类，曰片曰散，片者即龙团。旧法：散者则不蒸而干之，如今时之茶也。始知难度之后茶，渐以不蒸为贵矣。"上文中的"干"，即是生晒、晒干之意。在茶叶的揉捻工艺没有出现之前，不炒、不蒸、不揉、不捻的生晒散茶，已基本等同为今天的白茶类。可见，白茶类从史前，历唐

宋，至元初，一直或隐或现、或多或少，在民间薪火相传着，从来就没有绝迹过。一旦有机会，便可春风吹又生。

到了明代，文人们开始追求个性解放，推崇自然，抛弃了之前团茶的矫揉造作、浮华奢丽，从明人尤爱各类松散绿茶上，可见一斑。在明代文人返璞归真、独抒性灵的思潮推动下，不惟绿茶，竟连历史上隐现于民间的最古老的白茶类，又一次给挖掘出来，并一度大放异彩。最有代表性的是，田艺蘅《煮泉小品》的记载："芽茶以火作者为次，生晒者为上，亦更近自然，且断烟火气耳。况作人手器不洁，火候失宜，皆能损其香色也。生晒茶瀹之瓯中，则旗枪舒畅，清翠鲜明，尤为可爱。"对田艺蘅推崇的生晒芽茶，明代《茶笺》做了进一步的解读，作者闻龙于此写道："田子艺以生晒、不炒、不揉者为佳。"生晒、不炒、不揉，其工艺不就近似于今天的白毫银针吗？只不过在明代，政和大白茶、福鼎大白茶的选育技术还未诞生，选用的茶青，可能还是江浙一带群体种的茶芽。

明末屠隆，在《考槃馀事》中也记载过白茶，并且是作为一个类别提出的。他说："茶有宜以日晒者，青翠香洁，胜似火炒。"由此可见，在明代"白茶"已经作为一个生晒茶的单独类别出现了，而不是偶然存在。只不过当时的白茶，太过小众，而罕有记载罢了。巧合的是，田艺蘅是杭州人，屠隆是宁波人，俩人同为浙江人。这说明当时的"白茶"类，在江浙的文人圈内，是有一定需求的。有需求，就一定有供应、有制作、有技术的存在。但有需求，不一定产生市场，因为一个市场的建立，是需要达到一定的数量级作为支撑的。

# 功同犀角之谓何

上佳白茶的品饮之美，如东坡诗云：「待得微甘回齿颊，已输崖蜜十分甜。」

历史上最早记载绿雪芽的，大概是明末清初的周亮工。清初，周亮工在《闽茶曲十首》写道："太姥声高绿雪芽，洞山新泛海天槎。茗禅过岭全平等，义酒应教伴义茶。"然后自注云："闽酒数郡如一，茶亦类是。今年得茶甚夥，学坡公义酒事，尽合为一，然与未合无异也。绿雪芽，太姥山茶名。"明代崇祯年间，周亮工在浙江为监察御史，降清后，又任福建布政使等职，他对福建的风土民情、茶史茶事尤为精熟。此时此刻，周亮工诗中写到的绿雪芽，就一定是白茶类吗？恐怕未必。

绿雪芽在明末清初，到底属于什么茶呢？是白茶类，抑或是绿茶类？要想得出正确的结论，就需要梳理出令人信服的证据，来做出进一步的证明。明代万历四十四年（1616），写下《罗岕茶记》的长兴知县熊明遇，遭到魏忠贤一党的陷害被贬，治兵福宁道，即今天的福建宁德地区。据考证，熊明遇是在万历四十八年的三月，首次登上福鼎太姥山的。恰逢太姥山的新馆落成不久，熊明遇便借东坡的"人生到处知何似，应似飞鸿踏雪泥"，并为新馆取名"鸿雪馆"，以表达自己被放逐贬外的郁闷心情。那时的福鼎，不类今的繁荣，尚属东南海陬、蛮荒之地。紧接着，他又为"尧封太姥之墓"旁的岩洞，题书"鸿雪洞"，并落款"福宁治兵使者熊明遇书"，镌刻至今，历历在目。

三月十五日，熊明遇写下《登太姥山记》一文，收录于他的著作《绿雪楼集》中，表达了他对太姥山"余为之低徊不能去"的留恋。并赋诗一首："我爱此山难屡至，犹如雪上印飞鸿。且为署题鸿雪馆，武陵春水学仙踪。呜呼，闽海无鸿亦少雪，太姥万古高巉嶻，精气凝成无毁灭。"

根据明代学者谢肇淛刊刻于万历四十四年的《五杂俎》记载："闽方山、太姥、支提俱产佳茗，而制造不如法，故名不出里闬。"万历四十四年，这个时间节点非常重要。也就是说，在熊明遇未登太姥山之前，太姥山的茶因制造不当，品质欠佳，在当地基本没有什么名气，茶叶的销售也难出乡里。而从熊明遇任职浙江长兴，为当地的罗岕茶命名，并成功推出罗岕茶，一时为"吴中所贵"的系列政绩来看，绿雪芽的命名和声名鹊起，很难说与熊明遇无关。

熊明遇在《谢长兴僧送茶》诗前的小序中说："岕茶名于近年，余令长兴时，仅庙后数垄铺绿，洞山则余从更丁玺臣垦种者，于是山中转相风效。"他还有《岕茶》诗云："为吏洞山

间，碧桃灼林影。春风官事疏，开园督种茗。"从熊明遇的茶诗与小序中能够看出，岕茶的种植、推广和兴起，与熊明遇做出的巨大贡献是分不开的。据统计，熊明遇一生写有58首茶诗，其中41首是吟咏岕茶的，由此可见，熊明遇对岕茶的喜爱程度。

因为熊明遇的住所，谓之绿雪楼，其文集又称《绿雪楼集》。假如绿雪芽真的是由熊明遇命名的，那么，明末绿雪芽的制作，一定受到了熊明遇的指导或者改造。试想，没有外来制茶新技术的支持与启发，绿雪芽是不会在短时间之内，迅速地脱颖而出的。

周亮工在《绿雪芽》一诗的自注里，有"所谓闽酒数郡如一，茶亦类是"的解读。这说明，在博物学家周亮工的眼里，各地闽茶的制作工艺和福建本地酿造的酒一样，均水平不高，几无差别。他又说 "得茶甚夥"的混合与否，其效果是一样的，并没有因为某一种茶叶的掺入，而明显提高了茶叶混合后的整体品质。这又说明了什么？这说明，从明末绿雪芽的诞生直到清初，尽管其声望很高，名气很大，但其品质已经名不副实了。更重要的是，假设清初的绿雪芽不是绿茶，以周亮工的学识和眼界，他是不会把获赠的多种绿茶，汇合在一起饮用的。若历史果真如此，那么，此时的绿雪芽，就是类似罗岕茶的先蒸后焙的绿茶。

很有意思的是，"绿雪"的称谓，并非福鼎太姥山独有。清代陆廷灿《续茶经》引用《随见录》："宣城有绿雪芽，亦松

芽毫似雪的绿茶

萝一类。"很明显,安徽宣城的绿雪芽,完全受到了松萝茶制法的影响。敬亭山所产的绿雪芽,属于烘青绿茶。敬亭绿雪,就是敬亭山绿雪芽的简称,以芽叶色绿、白毫似雪而得名,始创于明末,消亡于清代。历代文人均有把绿茶的白毫,喻之为"雪"的习惯。唐代贾岛有"芽新抽雪明";宋代徐玑有诗"雪芽细若针";陆游有"可压红囊白雪芽";清代施闰章,在品鉴家乡的敬亭绿雪时,写下了"小试新茶全胜雪""珍重宣州绿雪芽,钗头玉茗未许夸"等。

另外,有人可能会质疑,为什么在明代陆应阳的《广舆记》里,会有"福宁州太姥山出茶,名绿雪芽"的记载。如果对修订过的古籍版本足够熟悉,遇到这些类似的情况,一点也不奇怪。因为,我们今天看到的《广舆记》版本,基本上都是康熙二十五年蔡方炳的增订本，很多内容是在清代不断辑校、增补进去的。

清代顺治年间，周亮工在诗中记述过绿雪芽的名字。乾隆年间，邱古园著《太姥指掌》云："磨石坑三里许至平冈，居民十余家，结茅为居，种园为业，园多茶，最上者：'太姥白'，即《三山志》绿雪芽茶是也。"此处的"太姥白"，即是芽绿毫白的绿茶。没有证据证明，它一定就是白茶。

在民国以前的文献里，"白毫"多指等级较高、芽头白毫密布的绿茶。如广西的凌云白毫、云南的南糯白毫等。武夷茶的"白毫"，则是红茶里的一个类别。因为红茶采得嫩，叶背白毫较多故名。银针，多指茶的外形，如君山银针，千岛银针等。君山银针是黄茶，而千岛银针则是绿茶。对于茶类的辨别，千万不可随意妄生穿凿。白毫，是指茶的老嫩状态；银针是指茶的外形；白色、绿色、黄色等，则是专指茶叶的外观色泽。清代道光年间，在安徽巡抚端午节的贡品清单中，就有记载："银针茶一箱，雀舌茶一箱，梅片茶一箱。"此处的"银针"，就是指满披银毫的单芽绿茶。"梅片"，是指芽叶翠嫩、状如梅花的叶茶。

绿雪芽，是何时完成的华丽转身，由绿茶类一跃变成了白茶类的呢？这要从中国红茶出口的大溃败说起。

早时的国外市场，很少有人喝绿茶。明末来到中国的利玛窦，曾这样评价绿茶，他说："它的味道不很好，略带苦涩。"偶然间诞生的武夷红茶，鬼使神差地打开了欧洲的红茶市场，之

后，其产量以几何级数猛增，红茶外销市场空前繁荣。直到1853年，太平天国起义波及武夷山区周边，逼迫闽北的茶企纷纷东移，使得闽东宁德、福鼎、福安的红茶开始崛起。如坦洋工夫、白琳工夫等。然而，好景不长，1898年之后，中国红茶的出口外销，受到印度、锡兰、日本的阻击，从而迅速走向衰落，造成茶山荒芜、茶农辍业、饥寒交迫，民不聊生。截至1918年，中国茶叶的出口销量，在国际市场的比重只占可怜的7.57%。

山重水复疑无路，红茶出口不畅之后的柳暗花明，就是无奈之下、红茶改制白茶的变通。据《政和县志》记载："清咸同年间（1851～1874），菜茶（小白茶）最盛，均制红茶，以销外洋，嗣后逐渐衰落，邑人改植大白茶。"这个记载，包含的信息量足够大。首先证实了光绪五年（1879），政和大白茶首次采用压条法，成功进行了大面积的无性繁殖和品种茶的选育。当时选育的政和大白茶，是为了制造品质更好的政和工夫红茶。在咸同年间制作的红茶，都是以菜茶为原料的。嗣后，到了1888年，中国茶的出口量，在国际市场的比重下降至64.03%。当茶叶贸易危机，影响到政和红茶的出口销量之后，于1889年，福建政和开始改制白毫银针，由红转白，另辟蹊径，显然是合乎情理与逻辑的。《政和县志》对此也有记载："政和茶有种类，名称凡七：曰银针，即大白茶芽；曰红茶；曰绿茶；曰乌龙茶；曰白尾；曰小种；曰工夫。皆以制造后而得名，业此者，有厂、户、行、

竹林里的野放政和大白茶

栈。"其中"皆以制造后而得名",旨在强调了以政和大白茶作为原料,可能既做红茶,又做银针。此时的"银针",才是真正的属于白茶类的白毫银针。当时生产的白茶,主要销往德国、越南、汕头、广州、香港、澳门以及东南亚一带,而非之前的红茶老客户英、美等国。

关于福鼎白茶的起源,尤其是福鼎银针的创制,个人以为,一定是在福鼎大白茶的品种选育完成之后,才会存在诞生的可能。如此可知,福鼎白毫银针的出现时间,至少应在光绪五年(1879),待茶树的压条繁殖技术成熟之后。这个重要的时间节点，与福鼎银针在光绪十七年（1891）开始出口外销的确切时间，是没有明显冲突的。张天福先生在《福建茶史考》中认为：绿雪芽约在1857年改用无性繁殖，于1865年，开始以福鼎大白茶芽制成银针。历史不容被商业戏说，这个说法，是明显缺少必要的历史佐证的。

上述罗列的证据链，足以能够证明，是红茶的出口萎缩原因，导致的政和、福鼎两地的改红易白。其技术来源，可能受到了明代江浙地区日晒茶的影响。

为什么很多学者会把早期的绿雪芽，误认为是白茶类呢？问题的根源，在于误读了民国学者卓剑舟先生的考证。卓剑舟参与编撰的《太姥山全志》，出版于1942年。新中国成立后，卓剑舟担任过福鼎县卫生工作者协会副主席，病逝于1953年。

卓剑舟在《太姥山全志》中，引用周亮工的《闽小记》有："太姥山，有绿雪芽茶。"其后，对绿雪芽做的一番解读，成为后世误读、炒作"白茶是药"的导火索。卓剑舟写道：绿雪芽茶，"今呼白毫，色香俱绝，而尤以鸿雪洞为最，产者性寒凉，功同犀角，为麻疹圣药，运销国外，价同金埒"。卓先生考证历史上的绿雪芽茶，还是很客观的，他没有去迎合那些美丽而蹩脚的茶叶传说，也没有肯定过去的绿雪芽茶，一定就是当下的白毫银针。他只讲了今天的"白毫"的前世，是过去的绿雪芽茶。文中的"今呼"，是指民国，白茶类在此时已经走向了成熟。他认为今天的"白毫"，即白毫银针，性寒凉，在治疗麻疹时，功效与犀角相同。

我几乎检索了明代以后、所有关于茶的中医著作，没有一例是用白茶来治疗麻疹的。我真不清楚，卓剑舟先生所持的用白茶治麻疹的结论，是如何得出的？在他经历的所有的医案里，究竟有几例麻疹，是喝白茶治愈的？用量是多少？遗憾的是，这一切都还只是传说，均无从查考。

我们知道，福鼎大白茶与政和大白茶，都属于小乔木，中、大叶种，其本身的咖啡碱含量，要高于制作绿茶的中、小叶种类。白茶在萎凋过程中的水解与缓慢氧化，是形成白茶品质的最关键环节。在白茶制作的自然萎凋过程中，咖啡碱的含量，大约会提高10%左右。这就决定了，如果采用同一批茶青，同时制作六个茶类，白茶的寒凉性，一定是其中最高的。而茶青的嫩度越高，咖啡碱的含量相应也会越高。也就是说，用单芽做成的白毫银针的咖啡碱含量，会相对更高，其清热、泻心火的能力，自然是最强的。这大概就是卓剑舟先生的"产者性寒凉，功同犀角"的本意吧！

当下很多人，听信个别茶商的误导，用白茶来治疗风寒性感冒，这是方向性的错误，是戴盆望天、扇火止沸。中医对疾病的治疗，需要辨证论治。其基本的治疗原则为："寒则热之，热则寒之。"而麻疹与感冒，是两种性质截然不同的疾病，不可混淆。风寒型感冒在一定限度内的发烧，是人体的正气或免疫力发挥作用抵抗病毒、寒邪的激烈表现，此时仍固执地去饮寒凉的白茶，是助纣为虐、适得其反的。白茶性寒，对春季风热感冒的治疗，有一定程度的症状缓解作用，但它仍无法替代药物的治疗，这是最基本的常识。

白茶的制作工艺，主要包括萎凋和干燥两个环节。在茶青萎凋的过程中，带有气孔的叶背失水快，形成白茶叶表向叶背垂卷的特殊外形。茶多酚缓慢轻微的氧化缩合，使苦涩的酯型儿茶素大幅度地减少，茶汤趋于鲜甜醇和。氨基酸在萎凋的过程中，总体是上升的。但是，如果干燥环节温度过高，就会造成鲜甜氨基酸的下降。苦味的咖啡碱，在白茶的萎凋过程中，是呈增加趋势的，其含量的高低，取决于后期干燥的焙火温度。如果是恰当的自然萎凋，可溶性糖类也是趋于增加的。白茶控制在60个小时左右的自然萎凋，对于白茶的可溶性糖类与氨基酸的提高，起着决定性的作用。如果白茶出现色青味涩，则是工艺缺陷，标志着白茶的萎凋时间过短或对之把控的不足。

黄酮类物质，属于茶多酚的一个组分，一般占茶叶干重的2%~5%。其水溶液呈黄绿色，也是绿茶汤色的主要成分，对茶的滋味贡献不大。白茶中的黄酮类含量较高，可能与其不炒不揉及其萎凋过程中的缓慢氧化有关。黄酮不仅在白茶内存在，在绿茶等其他茶类中都会存在，它并非是茶类或白茶中的独有成分。

白茶的室外萎凋

在自然界中的绝大多数植物体内，都会广泛地存在着。如果单论茶的抗氧化能力，白茶是次于绿茶的。在茶中，某种单一物质含量的提高，并不能带来药效的同步提高。茶中的活性物质，作用于人体而产生的功效，是多种物质平衡、拮抗、协同的综合结果，并非是某一种物质在起作用。即使是同一种物质，如咖啡碱，它有兴奋心肌的作用，使人体的血压升高，但也有扩张周围血管的降压效果，二者对抗的结果最终表现为可使血压稍有上升的作用。因此，高血压患者可以适量饮茶，不宜饮浓茶或过量饮茶。

有研究表明，陈期20年左右的白牡丹茶，氨基酸含量降低了13倍，茶多酚减少了2.8倍，黄酮含量升高了2.24倍。黄酮含量的升高，与白茶不炒不揉、低温萎凋的制造工艺有关。我们知道，茶多酚是茶叶中三十多种酚类物质的总称，约占茶叶干重的18%～36%。根据其化学结构的不同，主要分为儿茶素，黄酮，花色素和酚酸四大类。其中，儿茶素占茶叶干重的10%～25%，而黄酮类物质仅为总量的2%～5%。从上述数值我们能够看出，即使黄酮的含量增加2.8倍，与茶多酚总量减少2.8倍的损失相比，不过是九牛一毛。因此，那种动辄就夸大随着白茶黄酮含量的提高，就会使白茶的抗氧化能力同步提高的谬论，早该休矣！对任何事物的评价，都需要一分为二、综合衡量，不能只习惯于商业宣传的趋利避害，为什么就看不到茶多酚总量的巨幅降低呢？客

观地讲，随着白茶经年的陈化，白茶类总的抗氧化能力，是呈整体下降的。

刻意强调或夸大茶中某一种成分的功效，都是只见树木，不见森林。皆是杀敌八百、自伤一千的掩耳盗铃。其认识一定是局限的、片面的，对受众必然会是一种误导。故荀子说："凡人之患，蔽于一曲，而暗于大理。"

我们对老白茶的追求，更多关注的是其甜醇厚滑的口感，如沐春风的愉悦感。有些高品质的白茶，与岁月俱往时，会陈化出令人惊喜的滋味、嫣红的汤色、迷人的香气，如佳人红颜未老。2010年，我存储的一批政和高山荒野料，系高级白牡丹，传统炭焙工艺，别有一种清凉、浓郁的杏仁香气，故名"杏仁香"。现在品来，竟见梅花的清幽滋味。为了验证此茶的滋味、香气，2018年的早春，我专程来到南京的梅花山，在微雨薄寒中，细细咀嚼过数十种含苞的、半开的红梅、白梅、绿萼梅等，竟然与"杏仁香"入口的清绝滋味无别。当时我由衷感叹，能品到如嚼梅花滋味的茶，是何等的清福无尽，深感有种"闲贪茗碗成清癖，老觉梅花是故人"的似曾相识。翻翻古代的诗词，曾细嚼梅花的人好像不多。宋代吴龙翰有"梅花细嚼当晨炊"。明初释宗泐有诗"细嚼梅花和新句"。另有楹联"细嚼梅花读汉书"。鱼嚼梅花影，人品杏仁香，与戴复古的"饱吃梅花吟更好"，真的不是一个境界。

　　白茶的咖啡碱含量较高，但茶汤的滋味，为什么甘醇而不苦涩呢？白茶的不施揉捻是一个原因，更重要的是，茶汤内各物质相互平衡协调的结果。一方面，茶多酚含量减少了30％左右；茶汤内的咖啡碱与茶黄素形成复合物质，大大减少了茶汤的苦涩程度。另一方面，萎凋适度的白茶类，可溶性糖和氨基酸含量的提高，使得茶汤滋味的甜、鲜、稠、厚感增色颇多，遮蔽了茶汤的苦涩。上佳白茶的品饮之美，如东坡诗云："待得微甘回齿颊，已输崖蜜十分甜。"

三红七绿乌龙茶

炭焙适中的传统铁观音，香、水俱佳又不刺激，在四面楚歌的市场逐鹿中，应该有实力担当起振臂一呼破局者的重任。

　　乌龙茶，其发酵程度，是介于绿茶和红茶之间的。乌龙茶以香高与醇厚见长，这就决定了其工艺必然以萎凋和摇青为抓手，通过水解、氧化、聚合，积累更多的可溶于水的物质和香气成

分。能耐得住做青的鲜叶，普遍表现为：以茶梗粗、叶片宽而肥厚的中叶种居多。

为形成乌龙茶的浓郁香气和醇厚滋味，茶青需要采摘更加成熟的叶片，俗称"开面采"。一般以芽梢停止生长，形成驻芽后为宜。成熟的叶片，苦涩的酯型儿茶素和咖啡碱含量较低，糖类和香气物质丰富。其最佳的采摘时间，也不同于绿茶等茶类。绿茶为了得到较高的茶氨酸，宜在旭日初升、晨露未晞时采摘。乌龙茶的鲜叶则不同，为了获得较多的光合作用产物，宜在晴天的午后采摘最佳。此时，不但鲜叶的含水量低，而且具备良好的晒青条件，尤其是乌龙茶的茶青，不晒不香。阳光下的短时萎凋，

乌龙茶的摇青

叶温升高和水分蒸发偏快，更易激活水解酶的活性。

鲜叶通过阳光萎凋，伴随着叶内水分的降低，水解酶的活性与细胞膜的通透性显著增强，促进了叶内不溶性的淀粉、蛋白质等高分子物质的分解、氧化，形成了分子量较小、溶解度大的物质。芳香物质由结合态变成游离态，香气成分逐渐增加，低沸点的青臭气逐渐向外散发。这一切，都为做青奠定了充足的物质条件。

乌龙茶的做青，包含了摇青与凉青两个环节，其本质上就是一个深度萎凋兼发酵的过程，表征为鲜叶与嫩梗反复的缓慢失水以及水分从梗到叶面的补充过程。叶面这种由神采奕奕软萎到无精打采，再由蔫头耷脑恢复到水分充盈状态的反复过程，俗称"走水"，即茶青反复交替的"死去"与"活来"。如果茶青出现局部的梗叶受损，会使梗叶各部位的均匀走水受阻，必然表现为茶汤的青涩与香劣。

在乌龙茶的做青过程中，酯型儿茶素水解，涩感降低；茶多酚氧化为数量不等的茶黄素或茶红素，使得茶汤橙黄明亮。糖类、氨基酸、果胶等暖性物质增加，香气依次由草青味转变为高沸点的花香、花果香。叶绿素发生降解、脱镁、氧化，叶色渐渐由青绿转变为黄绿色。

当茶青的含水率、香气等万事俱足，接下来就是高温杀青，以钝化酶的活性，并适量散发水分，纯净香气，巩固提高茶的品质，为揉捻创造条件。茶的焙火，是为了消除残余酶的活性，蒸发水分，并起热化作用，以消除苦涩味，提升茶汤滋味的醇厚度。适当的焙火，能够有效减少咖啡碱的含量，促进氨基酸与可溶性糖的增加，使茶汤黏稠细滑，茶的寒性便会进一步降低。

从乌龙茶的采摘标准及其制作的生化机理分析，传统乌龙茶的寒性，通常会依次比白茶、绿茶、黄茶等要低些，当然，这也需要视具体的工艺及茶青而议，因此，乌龙茶对胃肠的刺激较轻。若从茶的加工环节审视，其他乌龙茶的成品茶，相当于是传统武夷岩茶的毛净茶。武夷岩茶独特的焙火工艺，确实是乌龙茶类的一道靓丽风景，通过伐毛洗髓，去芜存菁，才有可能成就武夷岩茶的岩骨花香，和而不同。

有一点需要清楚，历史上有关武夷茶的很多记载，并非是指武夷岩茶，多为武夷红茶。清代徐珂的《可言》有记："山产红茶，世以武夷茶称之。"早期的岩茶，其发酵、焙火程度，是不同于今天的武夷岩茶的。清代乾隆年间，原崇安县令刘埥，在《片刻余闲集》记载当年的岩茶时说："茶香而冽，粗叶盘屈如干蚕状，色青翠似松萝。新者但可闻其清芬，稍为咀味，多则不宜。过一年后，于醉饱中烹尝之，则清凉剂也。"刘埥见证过早期武夷岩茶的发展历史。他在武夷山做了五年县令，离任时所藏岩茶不足半斤，可见，那时上佳岩茶的产量极低，且垄断于寺庙。刘埥主政武夷山地区时，岩茶的外观"色青翠似松萝"，这说明武夷岩茶后期的精制焙火工艺，在此时还未成熟；茶叶条索盘曲如干蚕，说明揉捻程度还不是很高。

康熙年间，崇安县令王梓《茶说》记载：（武夷山）"在山者为岩茶，上品；在地者为洲茶，次之。香清浊不同，且泡时岩茶汤白，洲茶汤红，以此为别。""至于莲子心、白毫皆洲茶，或以木兰花熏成欺人，不及岩茶远矣。"以木兰花窨制的莲子心，竟不如岩茶的香之清远，证明了岩茶做青技术的存在。刘埥也说新茶闻之清芳，不类现在武夷岩茶的熟香。陆廷灿《续茶经》引《随见录》记载："凡茶见日则味夺，惟武夷茶喜日晒。""武夷造茶，其岩茶以僧家所制最为得法。至洲茶中，采回时，逐片择其背上有白毛者，另炒另焙，谓之白毫，又名寿星眉。摘初发之芽，一旗未展者，谓之莲子心。"

对于上述记载，如果不了解武夷茶的历史，就会不求甚解，断章取义，容易得出错误的结论。此时的武夷岩茶，还属于受松萝茶制法影响的炒烘结合的轻发酵茶，类似我们今天的清香型铁观音，外观青翠似松萝，茶黄素含量低，故汤白且香气高扬。洲茶，是指武夷山核心区之外的茶，或者是岩石下平地上的茶。如果按照王梓记载的标准，去审视今天的很多正岩茶，在过去就属于典型的洲茶。其初发之嫩芽，做成绿茶，如莲子心。一芽一叶乃至开面采的，多做成红乌龙，故汤红。早期的红乌龙，游走在

乌龙茶的边缘，青红相间而色乌，类似红茶，又像乌龙茶。其制作工艺，是在茶青初步发酵后，比红茶多了道杀青环节。红乌龙的摇摆存在，如那时的那个世界，也有好多无奈。兼顾滋味，内质靠近了乌龙茶；又需要卖个好价钱，外观就偏向了红茶。在世俗的世界里，市场永远比情怀重要。

王草堂著《茶说》，大约是在康熙五十年（1716），其中记载："独武夷炒焙兼施，烹出之时，半青半红，青者乃炒色，红者乃焙色。茶采而摊，摊而摝，香气发越既炒，过时不及皆不可。既炒既焙，复拣去其中老叶枝蒂，使之一色。"王草堂的这段记述，意味着武夷岩茶制作技术的真正成熟。青者，是指杀青后的颜色；红者，是指焙火的色泽。他在其中引用了释超全的《武夷茶歌》："如梅斯馥兰斯馨，大抵焙时候香气。鼎中笼上炉火温，心闲手敏工夫细。"这应该是关于武夷岩茶焙火工艺的最早的文字记载。1694年，释超全在明亡弃家行遁数年后，慕茶入武夷山天心禅寺为僧。他在天心寺写下的《武夷茶歌》，记录的必然是1694年以后发生的事件。此时的武夷岩茶，才刚刚崭露头角，还属于小众产品，其精良的制作技术，仍为长居寺庙的少数僧人垄断着。罕者为贵，质精价高的武夷岩茶，购者必至寺庙。民间贩卖、行铺收购的，基本都是洲茶制作的红乌龙、低端岩茶、红茶、绿茶以及窨花茶等。

武夷岩茶的真正全面兴起，是在工夫红茶的外销衰落之后，时间大约在清代同治元年（1862）前后。到了光绪年间，武夷岩茶便进入了发展的黄金时期，茶市由武夷山的下梅转移到赤石，所产茶叶大部分销往港澳、东南亚等地。由于武夷岩茶的经营者多为华侨，故岩茶属于典型的侨销茶之一。当武夷岩茶外销的运输路径变得遥远，武夷岩茶的销售周期逐渐拉长以后，必然会影响到武夷岩茶焙火工艺的不断加深，由此完成了岩茶焙茶工艺从轻火到足火的嬗变。而武夷岩茶最初的焙火目的，是为了满足岩茶，在一定销售期内不变质、不返青、不霉变的基本要求。

清代乾隆年间，著名医家赵学敏在《本草纲目拾遗》中，转引"单杜可云：诸茶皆性寒，胃弱者食之多停饮，惟武夷茶性温不伤胃，凡茶癖停饮者宜之。"文中的"武夷茶"，是指武夷红茶。在1754年以前，武夷岩茶的外观为"粗叶盘屈如干蚕状，色青翠似松萝"，"泡时岩茶汤白"。乾隆五十一年（1786）秋天，袁枚在七十多岁的古稀之年，遍游武夷的山山水水。其后，他在《随园食单》中，记下了品饮武夷岩茶的感受："余向不喜武夷茶，嫌其浓苦如饮药。然丙午秋，余游武夷到幔亭峰、天游寺诸处，僧道争以茶献，杯小如胡桃，壶小如香橼，每斟无一两。上口不忍遽咽，先嗅其香，再试其味，徐徐咀嚼而体贴之，果然清芬扑鼻，舌有余甘。"其后又写下："尝尽天下之茶，以武夷山顶所生、冲开白色者为第一。然入贡尚不能多，况民间乎？"也就是说，袁枚眼中的武夷茶，一种是"浓苦如饮药"，一种是"清芬扑鼻，舌有余甘"，其汤色，"冲开白色者为第一"。这说明，在当时存在着两类武夷岩茶，一类是以山下茶行为代表，制作的是低端岩茶、红乌龙等；另一类是以山上的寺庙为代表，占据名岩名丛的优势，做的是发酵较轻的高端岩茶。袁枚对后一类高端岩茶的描述，与前两任崇安县令王梓、刘靖亲历武夷岩茶的记述，基本是完全吻合的。这一切，是不是已经迥异于《本草纲目拾遗》的记载："武彝茶，出福建崇安，其茶色黑而味酸，最消食下气，醒脾解酒。"很明显，赵学敏书中记载的武彝茶，色黑而味偏酸，最近似瀹泡得较浓或发酵有点过度的红茶类，而不是名丛岩茶的"色青翠似松萝"。这充分说明，赵学敏眼中的武彝茶，是当时出口外销的武夷红茶无疑。在古代文献里，只有把"武夷"和"岩茶"四个字连在一起的，才是确指的乌龙茶中的武夷岩茶。此处还有一点需要明晰，红乌龙大概属于彼时武夷岩茶中的简化版，近似于武夷岩茶的中低端茶品，茶青的品质不高，又不太注重香气，产量巨大，故省去了做青环节，多以出口盈利为主。武夷山中制作的红乌龙，也不同于桐木关所产的正山小种红茶。在武夷山顶、岩石上采制的茶，称之为岩茶，产量很少；在山中平地上或山下所产的茶，大部分为红乌龙。二者在当时的武夷岩茶中很难区分，因此，只能以汤色的红、白来具体分辨。

清道光二十五年（1845），梁章钜在《归田琐记》记载：

"余尝再游武夷，信宿天游观中，每与静参羽士夜谈茶事。静参谓茶名有四等，茶品亦有四等。今城中州官廨及豪富之家，竞尚武夷茶。最著者曰花香，其由花香等而上者，曰小种而已。山中则以小种为常品，其等而上者名种，此山以下所不可多得，即泉州厦门人所讲工夫茶。号称名种者，实仅得小种也。又等而上之曰奇种，如雪梅、木瓜之类，即山中亦不可多得。"由此可见，即使到了道光年间，武夷岩茶的名岩名丛，仍如乾隆年间刘靖、袁枚记述的一样，依旧是不可多得。

在上文中，赵学敏概括得很对，"诸茶皆性寒"。但是，只

武夷山四大名丛之白鸡冠

有当时的桐木关红茶，采用松柴明火熏制，咖啡碱含量较低，故偏温和而对胃肠的刺激较轻。此处的"温"，并非是指温热，是相对于其他茶类的茶性偏温和而已。寒则热之，以火生色。就像光绪以后武夷岩茶的精制一样，看茶焙茶。当岩茶吃透火，茶汤变得醇厚甘滑，才会把咖啡碱的含量（寒性）降到较低程度，品饮起来茶性微凉，性较温和。一般来讲，茶性越寒，排尿频率越高。而传统的武夷岩茶，在品饮期间，去厕所的小便次数会相对较少，尤适于中老年人。张英的"中年饮武夷茶而甘"，讲得就是这个道理。

同样是乌龙茶，为什么清香型铁观音，会令很多人望而却步呢？这就又涉及铁观音的制作工艺问题。大约在1996年以后，轻发酵的铁观音，以其香高、色绿、鲜爽、甘锐风靡国内市场。铁观音的轻发酵，并非是寒性增加的主要原因，其根本症结在于乌龙茶的绿茶化。铁观音为了达到外观的墨绿、汤色鲜绿，茶青的采摘往往偏嫩，这会导致苦涩的酯型儿茶素与咖啡碱的含量偏高。安溪春季的多雨天气，会对制茶的香气影响很大，故有铁观音的"春水秋香"。很多人追逐的香气较高的秋茶，其咖啡碱含量又远高于春茶，夏茶更甚。在饮茶环节，近年来，冲泡铁观音时的一次投茶量，与武夷岩茶一样，有刻意增大的趋势，从过去的5克增加到8克，乃至10克，如此大的饮茶量，又要闷泡，的确有点令人胆寒。纵使艺高人胆大，铜肠铁胃，也不至于饮茶如此！

　　当铁观音的秋茶取代了春茶，茶青采得偏嫩，焙火较轻，本身的咖啡碱就相对偏高了，茶汤又泡得过浓，这才是铁观音对胃肠形成刺激的最根本原因。

　　轻发酵铁观音造成胃肠不适的另外一个原因，就是在摇青、凉青之外，还存在一个10～30小时不等的空调控制的低温发酵过程，或消青或拖青。如此做出的茶，汤色越绿，就意味着茶黄素、茶红素的生成率偏低，故游离的咖啡碱含量便会越高。在做青过程中，空调与抽湿机的联合应用，是造成清香型铁观音寒性较重的一个外来因素。

　　相对于传统铁观音来讲，现代的绿茶化的清香型铁观音，采得过嫩，偏重秋茶，尤其是焙火更轻，使得茶中的咖啡碱含量偏高，且在低温条件下，茶红素的生成量又过于偏低，不能有效制约茶汤中游离咖啡碱的含量，这是清香型铁观音极易造成肠胃不适的根本原因。因此，炭焙适中的传统铁观音，香、水俱佳又不刺激，在激烈的市场竞争中，应该有实力担当起振臂一呼、破局者的重任。况且，红心铁观音，又是乌龙家族中最优秀的、最适合制作乌龙茶的珍贵品种。

不同时代，铁观音的四种不同做法与外形

# 黑茶起源边销茶

从数百年的历史经验来看，少数民族煮饮奶茶的方式，是经得起考验和充满智慧的。

　　黑茶的工艺启蒙，来源于边销茶，这是无可争议的事实。茶的利用和发展，首先从荆、巴地区开始，然后影响到长江流域，继而开始向北方地区传播的。唐代的《封氏闻见记》，记载过一个茶的传播片段："自邹、齐、沧、棣、渐至京邑城市，多开店铺，煎茶卖之，不问道俗，投钱取饮。"根据封演的记载，唐代的茶叶从江淮而来，舟车相继，所在山积，色额甚多，源源不断地运往北方。同时饮茶的习俗，从江淮地区沿着茶叶的运输路线，从山东的邹县、曲阜，经过济南、沧州、德州等地区，弥散式地向当时的洛阳、长安等京邑地区传播。

　　饮茶习俗最早对少数民族地区的影响和传播，古今的很多历史资料，均指向唐初文成公主入藏时、带去的各色茶叶及饮茶习惯。唐代陈陶的《陇西行》写道："自从贵主和亲后，一半胡风似汉家。"如诗中所言，文成公主利用她尊贵的地位和感染力，深刻地影响了西藏人的饮茶习俗，我认为有此可能，但缺乏翔实

普洱茶，暗香盈袖

的史料依据。

植物传播的机遇，在很大程度上也是一种文化传播的机遇，如茶。唐代的饮茶之风，在当时是作为先进、时尚的文化形态，北传影响到少数民族地区的。其性质和模式，与可口可乐、星巴克、麦当劳等强势消费文化雷同，都曾冠以时尚的标签，风靡中国市场。《新唐书·陆羽传》有记："其后尚茶成风，时回纥入朝，始驱马市茶。"这是我国历史上关于茶马互市的最早记载。尽管当时少数民族的贵族，能有幸喝到唐朝政府赏赐的蒸青团茶，但茶叶在少数民族地区，还属于奢侈品。作为普通的百姓，是不可能轻易得到或拥有茶叶资源的。到了唐代的中后期，西藏地区的贵族，对茶有了一定的认知。据唐代李肇的《唐国史补》记载："常鲁公使西蕃，烹茶帐中。赞普问曰：'此为何物？'

鲁公曰：'涤烦疗渴，所谓茶也。'赞普曰：'我此亦有！'遂命出之，以指曰：'此寿州者，此舒州者，此顾渚者，此蕲门者，此昌明者，此潴湖者。'"这近似唐代封演描述的，来自江淮的茶叶色额、品种甚多。赞普展示给常鲁公的茶叶，应该多为朝廷赐予的等级较高的贡茶。

即使到了宋代，茶也不是普通百姓能够随便喝到的。辽国契丹皇帝过生日，在宋代皇帝馈赠的礼物中，据《契丹国志》记载：其中有"的乳茶十斤，岳麓茶五斤"。的乳茶，是福建建州的团茶，辽人非团茶不贵。《辽宫词》有："解渴不需调奶酪，冰瓯刚进小团茶。"虽赠茶数量区区，却由此可见宋代茶叶的珍贵。当普通百姓千方百计，能喝到点粗放的边销茶之后，金国统治者又感觉贸易逆差太大，政府财政吃不消，于是，尚书省便上奏说："茶饮食之余，非必用之物。比岁上下竞啜，农民尤甚，市井茶肆相属，商旅多以丝绢易茶，岁费不下百万，是以有用之物，而易无属之物也，若不禁，恐耗财弥甚。"（《金史》）辽金上层秉持着控制国人茶消费的这种冷静的图强精神，短短数年，就使外强中干号称高度文明的宋朝王室，集体沦为阶下之囚。鉴于此，据《章宗本纪》记载，皇帝完颜璟正式下令："遂命七品以上官，其家方许食茶，仍不得卖及馈献；不应留者，以斤两立罪赏。"见微知著，一个政权，励精图治值得称赞，但这种只许州官品茗，不许百姓喝茶的等级歧视，难免会令百姓愤愤不平。

宋代为了控制茶马交易，在成都设置榷茶司，在秦州设置买马司，分别负责管理买卖四川茶叶与吐蕃马匹等事宜。不久，又把二者合并为茶马司，由政府统一管理川茶的征榷、运输、销售、买马事宜。以内地多余之茶，换战争必需的番人良马，取长补短，占尽先机。黄庭坚有诗云："蜀茶总入诸番市，胡马常从万里来。"

四川产茶量大，西北又与西藏为邻，故川茶在历史上有"边茶"之称。用于茶马交易的茶，所需量大，多采得粗老质劣。待茶从四川运到少数民族地区，至少耗费半载光阴。篾篓包装的茶

湖南安化的野生茶

叶，在人背马驮的一路风雨中，必然吸湿受潮，因湿热作用造成茶的发酵及叶绿素脱镁，茶的色泽便由绿变乌，故在当时的边销茶，又称"乌茶"。《明史·食货志》有载：明太祖朱元璋，"又诏天全六番司民，免其徭役，专令蒸乌茶易马"。关于乌茶的重量，《宋会要辑稿·食货》有记："利州路夏税37028斤，秋税170斤；虁州路7907团，每团25斤，共197725斤。"由此可知，宋代的边销茶，不是八饼或20饼一斤的龙团凤饼，而是体积很大的蒸压成团的绿毛茶。把茶叶体积高度压缩，是为了运输方便；采用25斤的蒸压绿茶为一团，大概是盛茶的篾篓体积所限。

元代忽思慧《饮膳正要》指出："西番茶，出本土，味苦涩，煎用酥油。"元代四川销往藏区的茶，统称西番茶。唐代毛文锡《茶谱》记载："邛、临数邑，茶有火前、火后、嫩绿、黄芽号。又有火番饼，每饼重四十两，入西番、党项，重之如中国名山者，其味甘苦。"名山，即是今天的四川蒙顶山。忽思慧所言的西番茶，即是四川临邛的火番饼，到了清代，它仍是与普洱茶同等重要的贡茶。宋代梗粗叶大的"西蕃茶"，又叫马茶，就始于四川邛崃。

忽思慧作为元代著名的太医，记录了边销茶的喝法，或煎以酥油，或加奶煮饮。边销茶的奶茶煮饮，自古至今，在边疆地区非常传统和普遍，上至唐宋，下至清代以降。

明朝嘉靖三年（1524），御史陈讲疏奏云："以茶商低伪，悉征黑茶。地产有限，乃第茶为上中二品，印烙篾上，书商名而考之。(《明史·食货志》)"每七斤蒸晒一篾，送至茶司，官商对分，官茶易马，商茶给卖。"(《甘肃通志》)这是历史上关于"黑茶"的最早记载。此时的"黑茶"，是以茶的外在色泽命名的。

湖南黑茶为什么会在明末开始崛起呢？天下熙熙，皆为利来；天下攘攘，皆为利往。明代的茶马交易，仍然沿用宋制，在川、陕设立专门的机构，以茶易马。由于川陕边茶的产能，已无法满足茶马交易的需求，关键还质差价高，而湖南茶多，价格又很便宜。巨大的利差诱惑，必然驱动部分商人敢于铤而走险，于是，湖南安化开始率先仿制四川乌茶。明末的晋商们跋山涉水，从原四川的酉阳越境，翻山越岭到达湖南的安化贩运黑茶。山西的茶商，在明代林之兰辑录的《明禁碑录》中，称之为"川商"，由此可见一斑。因为在明代，晋商先走私安化黑茶到四川，然后再以川茶之名销往边疆地区。当时，根据茶的外观形态不同，分水路和陆路走私。陆路贩运的是紧压茶，从安化洞市的茶马古道出发，由马帮驮茶，经新化的苏溪关，到怀化的辰溪改为船运，最后经现重庆的酉阳入川。当时的黑毛茶，主要用船载走水路，沿安化资江而下，经洞庭湖、长江，进入湖北的荆州，在这里完成对黑毛茶的蒸压精制，然后再经陆路运至四川。

随着黑茶走私活动的愈演愈烈，黑茶的制作技术，便在仿

江南德和老号的千两茶，自然的日晒夜露

制四川乌茶的过程中，应运而生了。仿制没有标准，只需施以手段，做出茶的乌色，唯求形似，便可达到获利的目的。从这个意义上讲，湖南安化的资江两岸，应该是中国最早进行主动探索和有意识创新茶类发酵技术的地区。由此可以推论，黑茶制作技术的启蒙，来自四川乌茶；而黑茶发酵技术的主动研发，则肇始于湖南安化。

据《明史·食货志》记载：万历十三年（1585），"中茶易马，惟汉中、保宁。而湖南产茶，其值贱，商人率越境私贩。"当安化茶的越境走私行为，严重影响到明朝政府利益、影响到番族纳马的时候，严厉打击和禁止湖南之茶的贩卖，就是国家势在必行之举了。万历二十三年（1595），明代《神宗实录》记户部复李楠议云："奸商利湖南之贱，逾境私贩，番族享私茶之利，无意纳马，而茶法，马政两弊矣。"万历二十五年（1597），御史徐侨上书请朝廷放开湖茶时说："汉川茶少而值高，湖南多而值下，湖茶之行，无妨汉中，汉茶味甘而薄，湖茶味苦，于酥酪为宜，亦利番也，但宜立法严覈，以遏假茶。"（《明史·食货志》）至此，湖南黑茶才正式以"官茶"的面目，主销中国的西北地区，而四川边茶只能销往西藏了。所谓官茶，并非是指特别了不起的好茶。它是特指交完税收、政府允许贩运的茶，是相对"私茶"而言的。《甘青宁史略正编》称："兰州及河西喜用砖茶者居多数，砖茶名曰福茶，又曰官茶。其叶采自湖南，其制造在陕西泾阳,叶粗而色黑。"福茶,又叫茯茶,是在陕西泾阳压制的黑砖茶。

"自古岭北不植茶,唯有泾阳出砖茶"。陕西泾阳过去并不产茶,为什么会成为茯砖的主产地呢?这是因为,泾阳位于泾河水域的下游,湖南茶叶由南向西北运输,泾阳是必经之地。茶叶沿水路到达泾阳后,就要改为陆路,由马匹、骆驼承载运输。北方天干物燥,之前由竹篾篓包装的茶叶,到了泾阳,在卸船、搬运过程中,可能会出现竹篾折断、茶叶撒漏现象。因此,为适应马匹、骆驼的长期旱路运输,茶叶就必须在泾阳完成压砖。黑茶必须就地压砖的原因:首先是进一步缩小茶叶的运输体积,增加运量;其次是秦人自古会打坯、做砖,秦砖汉瓦,人人皆知。会做砖就会压茶,泾阳人用盖房压砖的模具,对散茶进行简单的压

江南德和老号遗存的铜制采茶工具,静清和收藏

制，自然是信手拈来、无师自通。

值得注意的是，过去在湖南安化的山区，家家住的是木房子，所以不擅长打坯、做砖，也不可能去主动压制砖茶。到了1939年，彭先泽先生在安化的江南德和茶号，压出了湖南第一片黑砖茶。江南德和老号，紧靠资江南岸，始建于乾隆年间，它不仅是白沙溪茶厂的前身，而且也是民国彭先泽撰写《安化黑茶》《安化黑砖茶》著作的风水宝地。江南德和老号，是安化黑茶无法避开的半部历史，深刻左右着近代黑茶技术的进步与发展。江南德和老号的旧址，与良佐茶栈毗邻，是万里茶道湖南段，现存的最古老的木结构茶行。虽断壁残垣，风雨飘摇，我们却依稀可以透过历史的残迹，看到江南德和当年的规模与繁荣。

一路的风雨飘摇中，沿水路从湖南运来的粗老茶叶，在泾阳

江南德和老号的
引玉黑砖

压成茶砖以后，又一路向北长途贩运，随着天气的越来越干燥，恰好形成了茯砖外干里湿的发花条件，自然接种于空气中的冠突散囊菌，便在黑砖内部呈金黄色、斑点状地繁殖、代谢，促进了黑毛茶的二次发酵，极大地改善了茯茶的品质和口感。这就是过去，茶不到泾阳不发"金花"的根本原因。

清代，朝廷以茶治边，对川茶控制得更加严格。"凡商人买茶，具数赴官纳银给引，方准出境货卖。"（《大清律例》）根据当时的规定，是严禁川商进入藏区的。他们把茶叶包装完善，运至打箭炉（康定）地区，在此完成交易之后，由西藏商人把茶叶从此运走。清朝后期，经打箭炉出关的川茶，每年高达1400万斤以上。此时的云南茶，已经绕开清政府的管辖，部分通过走私贩卖到藏区。到了清末光绪年间，川茶掺粗造假，因质量、品质严重下降而声誉扫地，为滇茶入藏开创了有利的局面。据《藏事纪要》记载，到民国二十九年，经印度入藏的滇茶已高达300万斤。质次价高的川茶市场，在后藏地区已几乎被滇茶取代。

雍正四年（1726），鄂尔泰出任云贵总督，在少数民族地区实行改土归流。清朝政府借助武力，在真正控制了云南势力之后，普洱茶的入贡才会成为可能。雍正七年，鄂尔泰倡设普洱府，以便集中管理普洱地区的茶叶贸易。同年八月初六，云南巡抚沈廷正，开始进贡普洱茶。在清代，全国各地供应皇室的贡茶，非常普遍。据清初查慎行《海记》统计，仅在康熙年间的贡茶供应地，就涉及全国七十多个府县。

为严控云南茶叶税收，避免贩茶漏税，雍正十三年（1735），清政府颁布云南茶法。据《清史稿·食货五·茶法》记载："以七圆为一筒，三十二筒为一引，照例收税。"朝廷批准云南行政区，每年发"茶引"三千份，贩卖云南茶叶需持"茶引"，每引购茶一百斤。云南茶法还特别规定：交易之茶需做成圆饼状，每个圆饼重七两，七个圆饼为一筒，每筒四十九两，每筒征税银一分，每张"茶引"可买三十二筒（合老称约一百斤），上税银三钱二分，永为定制。自此，七子饼茶开始问世，其规格制式延续至今。

清代茶法延续了明朝的规定："明时茶法有三：曰官茶，储边易马；曰商茶，给引征课；曰贡茶，则上用也。"雍正颁布的云南茶法，主要针对其中的商茶。由此可知，普洱茶压饼并规范饼重为七两，是为了便于核对贩运的茶叶数量，便于查证是否与茶引完全一致，有无偷漏税的行为，因此，散茶是严禁出关交易的。同时清政府又规定：商民卖茶，即商茶，须先向政府纳钱请茶引。茶叶和茶引需携同随带，如二者数量不合，就予以拿办治罪。待茶卖出后，茶商必须要把原领茶引向政府缴销。伪造茶引者处斩，家产充公。

清代的普洱茶，究竟是什么状况呢？阮福在《普洱茶记》引用《思茅志稿》说："又云茶产六山，气味随土性而异，生于赤

云南古茶树

土或土中杂石者最佳，消食散寒解毒。于二月间采蕊极细而白，谓之毛尖，已作贡，贡后方许民间贩卖。""其入商贩之手，而外细内粗者，名改造茶。"阮福，是一代文宗、云贵总督阮元的儿子，是个眼界开阔、经史造诣颇深的官二代。据阮福记载，清代普洱茶的供应，需要先完成皇家的贡额之后，才允许民间贩卖。而民间贩卖的都是"改造茶"，即贡后剩余的、梗粗叶大的、经过人工轻微发酵的、茶汤粉红的茶叶，具体论述详见《茶路无尽》一书。在新中国成立以前的普洱茶，芽头较多、等级较高的，一般为不发酵的绿茶。市场流通贩卖的，多为粗老的等级较低的茶叶，冲泡后的茶汤色泽，一般呈发酵程度各异的淡黄色、浅红色、红色、深红汤色，等等不一。我在云南的档案馆，查阅到一份民国三十七年的茶叶收购记录，其中，毛茶的汤色，从深红、淡红、深黄、淡黄到浅绿、绿色，而对应的茶叶收购价格，则从每担二元九角到一百三十元不等，且随着汤色越深、发酵程度越重，毛茶的价格就会越便宜。

对于进贡皇室的八色贡茶，阮福写道："每年备贡者，五斤重团茶，三斤重团茶，一斤重团茶，四两重团茶，一两五钱重团茶，又瓶装芽茶，蕊茶，匣盛茶膏，共八色，思茅同知领银承办。"其中，重量不等的五色团茶，延续了唐宋蒸青紧压绿茶的特征。瓶装的芽茶、蕊茶，其"瓶"，用的是银瓶或锡瓶，主要为满足茶叶密封、干燥保存的需要。其中的蕊茶，是二月间，采蕊极细而白的毛尖。清代张泓在《滇南新语》写道："毛尖，即雨前所采者，不作团，味淡香如荷，新色嫩绿可爱。"此处的"雨前"，并非是二十四节气的谷雨，是特指云南春茶季下的第一场雨之前。关于蕊茶，在清光绪二十九年（1903），思茅府向负责采办贡茶的倚邦土司，发出的催缴贡茶 "札"中写道："生、熟蕊芽办有成数，方准客茶下山，历办在案。""贡品芽茶及头水细嫩官茶，速急收就，运倚交仓，以凭转解思辕。"从这个官札的内容可以看出，进贡的蕊茶，其实是生晒的白茶。《煮泉小品》有"芽茶，生晒者为上"。生晒谓之"生蕊"，其

2019年的安化天尖

色才会新色嫩绿，其味淡香如荷。而芽茶呢？就是"火作者"的熟芽。芽茶，通常是指一芽一叶、一芽两叶细嫩头春散茶的总称。

清代进贡的普洱蕊茶、芽茶，适合清饮。各种普洱团茶在清宫的消耗，与从唐至明的其他边销茶一样，都是煮做奶茶之用的。满、蒙、藏等民族的饮茶习惯基本一样，尤其喜欢饮用奶茶。乾隆皇帝有五言绝句诗，赞奶茶云："酪浆煮牛乳，玉碗凝羊脂。御殿威仪赞，赐茶恩惠施。"并为其诗自注："国家典礼，御殿则赐茶（奶茶）。乳作汁，所以使人肥泽也。"从乾隆的饮茶习惯看，清代贵族长期饮乳食肉，为解膻去腥，清除内热，便经常以锅焙茶、普洱茶煮作奶茶饮用。正因为如此，我们看到的清代宫廷茶器，以适于饮奶茶之用的银器、锡器较多。清代吴振棫的《养吉斋丛录》记载：清宫，"旧俗最尚奶茶，每日供御用及内廷诸位所用乳牛，皆有定数。"据《大清会典》记载：皇帝例用乳牛50头，皇后例用乳牛25头，皇帝、皇后的日饮奶茶，均由茶膳房蒙古茶役熬煮。正膳之后，必饮奶茶。此前的康熙皇帝，曾创下使用75头奶牛轮流为御茶房供应牛奶的记录。康熙皇帝即使在南巡时，也都带着数量不等的奶牛和奶羊，以便能及时喝到新鲜的奶茶。

结合上文我们知道，"普洱茶，名遍天下，味最酽，京师尤重之"。是以食肉为主的清代贵族的"尤重之"；而名遍天下的"味最酽"，是相对于同样煮做奶茶的四川临邛的锅焙茶而言。在当时的语境里，普洱茶也只有同锅焙茶去类比，因为其他地区进贡的绿茶、芽茶类，都做清饮之用。由于普洱茶多为大叶种茶，茶多酚、咖啡碱的含量较高，为减轻茶对胃肠的刺激，就很有必要与牛奶同煮。即便如此，尽管咖啡碱会因加热适当挥发一些，茶多酚会与部分牛奶蛋白发生凝聚反应，但是，普洱茶浑厚刺激的滋味，仍会胜于其他茶类。据清宫档案明确记载：嘉庆皇帝，每日用普洱茶三两，一个月用五斤十二两。道光皇帝一月用茶七斤八两。光绪皇帝从二十八年二月初一日起、至二十九年二月初一止的一年时间里，共享普洱茶三十三斤十二两，锅焙茶三十三斤十二两；一年陆续漱口，用普洱茶十一两。从中能够看出，历代皇帝煮饮奶茶，所消耗的普洱团茶、锅焙茶的用量，还是很大的。如此大的茶量，假如通过清饮消耗掉，则是任何人的身体都无法承受的。光绪皇帝用普洱茶漱口的原因，如《红楼梦》里的黛玉等人一样，大概是受到了苏轼的影响，因为普洱茶味偏浓酽。

　　清代医家赵学敏，对普洱茶有较深的认识。他在《本草纲目拾遗》中说："普洱茶味苦性刻，解油腻牛羊毒，虚人禁用，苦涩，逐痰下气，刮肠通泄。""味苦"，是指普洱茶作为大叶种茶，咖啡碱含量高。"性刻"，是指普洱茶的茶性刚猛，刺激性强。味苦性刻的普洱茶，恰好最解常以牛羊肉为食产生的热毒，有清热泻火之良效。自古以来，满、蒙、藏族的人们，为什么喜欢四川藏茶、云南普洱茶呢？最关键的原因，正如赵学敏所言"刮肠通泄"。少数民族的饮食，常年多以牛羊肉奶以及糌粑等高热值的食物为主，体内蓄积的过多热量，必须通过寒性的茶饮，才能最安全地代谢出来，否则容易发生便秘。"以其腥肉之食，非茶不消；青稞之热，非茶不解。"讲的就是这层意思。对此，清代《续文献通考》中，也有记载："乳肉滞隔，而茶性通利，故荡涤主故。"通过以上论述，我们能够得出结论，少数民族的"一日无茶则滞，三日无茶则病"，其中的"茶"，是特指黑茶类煮饮的奶茶，并非今天我们清饮的方式。

至于很多人道听途说的，喝边销茶是为了补充维生素，这基本是无稽之谈。边销茶多为比较粗老的发酵茶类，维生素的含量很低。有资料证明，三年以上的陈茶，其中的维生素C，会全部消失。只有新鲜的绿茶，在高温杀青时，破坏了抗坏血酸酶的活性，才得以保持住维生素C的较高含量。因此，如果欲补充维生素，还是多饮细嫩清香的春季绿茶为佳。

对于未发酵的大叶种普洱生茶，赵学敏讲得很清楚："虚人禁用。"什么是虚人呢？阴虚内热、阳虚怕冷、血虚发燥、气虚无力、脾胃虚寒等的人群皆是。当代的有些人，身心交困，饮食无节，作息无常，经常疲惫不堪、透支健康的，也在虚人之列。这类人群，是不适合饮用普洱茶或过度饮茶的。如果能像清代贵族那样，用普洱生茶煮做奶茶，或在日常的饮茶中，多补充优质蛋白，也算是免于身体损害的折中方法吧！

"热则寒之"，"虚则补之"，"寒则温之"，"实则泻之"，这是治病防病、健康养生、调理身体的基本原则。当今很多书籍都在讲，某种体质适合饮某类茶，貌似很有道理，其实，这种论调是非常不严谨的。茶，都是寒性的，不同的茶类，其寒凉程度，只是略有差别而已。若有实热证象的健硕之人，是最适合饮茶的，李时珍对此讲得已很清楚。茶，又主泻泄，对人体是做减法，确实不太适合肝脏不佳、身体虚弱、体质虚寒的人长期饮用。概括为一个字，就是"虚"人禁用。身体虚寒、虚热的人，需要的是"补益"和"温煦"调养。他们本来就不属于适宜饮茶的人群，假如再刻意诱导，错误地再把他们强行分类，谓之"某种体质喝某种茶""某类茶能治某种病"，这就属于唯恐天下不乱的瞎搞了。人非圣贤，孰能无过。若是无意为之，有则改之，无则加勉；若是有意为之，就是利欲熏心、非傻即坏了。

我经常看到很多女士朋友，长期吃素，晚上还在强饮普洱生茶，这是非常不健康、极端不明智的做法。常饮普洱生茶，优质蛋白质的摄入量一定要充分，否则，久而久之，不仅胃肠受损，而且还会造成痰湿、贫血、脱发、肌肉萎缩、肥胖、下肢浮肿等症状。从数百年的历史经验来看，少数民族煮饮奶茶的方式，是经得起生活考验和充满智慧的。另外，营养缺乏状态下的喝茶减肥，同样是一种极端错误，若是旷日持久，就会不可避免地对身体造成伤害。像我们今天这样的大量嗜饮、清饮普洱生茶，在历史上，是从来没有过的。是非功过，尚有待验证，但愿我这种善意的提醒，能够引起沉醉其中人士的几丝警觉。

# 黑茶味醇花色多

凡是有金花存在的黑茶，一般都不会发霉，茶汤通透明亮，口感甜滑柔顺，且较耐泡。

　　我们熟知的黑茶类，包括普洱茶的熟茶、湖南的安化黑茶、四川的藏茶、祁门的安茶、湖北老青茶、广西梧州的六堡茶、陕西的泾阳茯茶等。这类茶都具备茶青相对粗老、入口温和、茶汤稠滑，味厚甘醇等特点，有民谚形容黑茶："叶子包得盐，梗子撑得船。"黑有黑之道，粗有粗之妙。黑茶类在制作工艺上，大致包括杀青、揉捻、渥堆、干燥等工序。

　　黑茶的原料，多采用成熟的一芽四、五叶的新梢，苦涩的酯型儿茶素和咖啡碱的含量较低。由于茶叶嫩梗的氨基酸含量，是芽叶的1～3倍，因此，黑茶类的氨基酸、糖类含量，都会相对较高。这就为黑茶的甜醇、厚滑、耐泡、不苦涩等品质特点，奠定了物质基础。

　　黑茶类的发酵，是在湿热条件下的微生物发酵。在茶的发酵过程中，利用微生物分泌的各种胞外酶，除了完成茶叶内含物质的氧化、聚合、降解、转化等，同时也生成了部分的全新物质，

如具有营养性的赖氨酸等。黑茶类自身的酶，在毛茶制作的高温杀青时，已经被全部钝化，不可能重新复原与再生，其发酵过程，就必须借助外源酶这个生化动力，借助微生物热及其自身的代谢作用，来塑造黑茶类特有的色、香、味、韵等品质特征，这也是黑茶被称为后发酵茶的根本原因。所谓茶叶的后发酵，其实是指杀青后，以微生物的活动为中心的发酵。红茶、乌龙茶的发酵，利用的是茶青自身的多酚氧化酶，其本质是一个多酚类物质的氧化、聚合过程，并非属于真正意义上的发酵。

红茶的酶促氧化，主要生成了茶黄素与茶红素。在黑茶的渥堆发酵过程中，咖啡碱虽然有升高的趋势，但是，茶汤的苦味并没有增加。这是因为，通过深度发酵产生的茶红素，会络合一部分咖啡碱；另有一部分咖啡碱，参与了茶褐素的合成过程。也就是说，汤色越深、茶褐素含量越高的茶汤，其游离的咖啡碱含量越低，这就意味着黑茶类兴奋中枢神经的能力下降，茶性温和，不刺激，不太影响睡眠。因此，从某种意义上讲，茶的发酵程度越重，其苦寒性越弱。湖南黑茶发酵较轻，其茶红素、茶褐素的含量虽然较低，但是，黑毛茶在松柴明火的高温干燥过程中，使咖啡碱升华得较多，其独特的干燥特点，赋予了湖南黑茶温和、甜香、味厚、不苦等风味特征。

黑茶类的发酵，首先需要在湿热条件下，有大量微生物的生成。其次，需要一个有氧却又通风不良的渥堆环境。在此条件下，茶多酚、儿茶素的含量剧烈下降，生成不等量的茶黄素、茶红素、茶褐素，而使叶底、汤色各异；原来的苦涩浓烈，忽而变为醇和顺柔。微生物的存在和参与，有利于茶中难溶性的高分子或大分子物质的降解。例如：水溶性果胶的含量，在渥堆过程中是明显增加的。根霉菌分泌的凝乳酶，使脂类物质汇集生成乳酸，从而使茶汤变得顺滑甘醇。这也是发酵茶类比氧化茶类的茶汤、黏稠味厚的根本原因。

茶类的陈化，其实是茶黄素、茶红素，逐渐聚合为茶褐素的过程。即使对于发酵程度较高的普洱熟茶，茶多酚的降低幅度，大约就在70％～80％，其中仍含有大量滋味醇和的简单儿茶素、黄酮类存在，并且茶黄素、茶红素进一步聚合为茶褐素，也是一

古树料普洱熟茶，"和"字饼的汤色

个漫长而复杂的转化过程。湖南黑茶、老青茶、四川藏茶、茯砖等，发酵相对较轻，在茶汤里仍能检出涩味较重的酯型儿茶素，因此，对于普洱茶的熟茶，安化黑茶、六堡茶等，还有红茶类、乌龙茶类，在品饮前，都适合做恰当的陈放、熟化，未来都具有令人惊艳的转化空间。世界上不会有100%的发酵茶类，其发酵程度的轻与重，都是相对而言，都会为了保持茶的良好品质而预留着相当大的陈化裕度。一个发酵程度近乎100%的茶类，基本上是一个完全碳化且几乎没有任何滋味与香气的废茶。我们日常有待存储、陈化的各类茶叶，如果闷泡仍会苦涩，淡饮茶汤有质感，厚滑甘醇，香气持久而绵长，如此的茶，未来可期，必有惊喜。藏一款好茶，光阴知味，历久弥香，以时间换取品质，就需要"咬定青山不放松""风物长宜放眼量"。

　　黑茶类后期的转化，受到含水率、氧气、温度和微生物等因素的制约和影响。在茶的陈化过程中，茶多酚中尤其是酯型儿茶素，是呈逐年明显下降的；氨基酸最终会分解殆尽；可溶性糖的含量，在一定时段里，会随着时间的流逝而递增；香气物质递减并趋于低沉；游离的咖啡碱含量，受与日俱增的茶红素和茶褐素的影响，是明显降低的。这意味着在恰当的时段内，保存良好、陈期相对久长的茶，其汤色越趋于红褐清透，滋味醇厚而不苦涩，香气偏陈旧的木质味，茶性偏温和而清凉，其药理作用是呈逐年降低的，而非三年药、十年丹。即使是治疗疾病的中药，药性也是与日俱减的，更遑论是茶了。"越陈越香""越陈药性越好"的无稽宣传，明显是愚弄百姓，违背科学与基本常识的。

这里需要注意，中药的陈用，本是为了祛除药物的燥烈、燥热之性或毒副作用的，并非越陈越有疗效，这一点一定要明确。中药的陈用，最早见之于《孟子》的"七年之病，求三年之艾"。到了唐代，《唐本草》一书，明确提出了"六陈"之说，即"枳壳陈皮半夏齐，麻黄狼毒及吴萸。"陈皮位列其中。中药治病主要取决于气和味，上述六种药物，均具有强烈的刺激性，服用时容易产生毒副作用，故须将中药陈放一段时间，待刺激性气味逐渐挥发一些，药性稍微和缓一点，就达到了最佳的陈化度，而非无期限的储存、陈化，否则，就会药效尽失，还怎么能去治病呢？清末著名医家张山雷说："新会皮，橘皮也，以陈年者辛辣之气稍和为佳，故曰陈皮。"张山雷并没有说陈皮会越陈越好，而是待其辛辣燥烈的刺激气味稍"和"为适度。此处的"和"，即是不刺激、无明显的毒副作用。明代贺岳的《本草要略》明确写道："陈皮来年者方可用"。清代许豫和的《怡堂散记》记载："新者气烈"，"陈皮须备广产，二三年者为上。"陈皮辛温，药性燥烈，日常起居，还是慎用为佳。清代武仪洛的《本草从新》警告世人说："化州陈皮，消痰至灵，然消伐太峻，不宜轻用。"陈皮已经非常峻烈了，而青皮属于未成熟的橘皮，其性更烈，故作为中药使用时，多用武火、酒、醋、麸皮等进行炮制。故明代缪希雍的《本草经疏》告诫说："青皮，性最酷烈，削坚破滞是其所长，然误服之，立损人真气，为害不浅。凡欲施用，必与人参、术、芍药等补脾药同用，庶免遗患，必不可单行也。"青皮伤气、破气，气虚体弱者慎用，一般不宜单独服用。对于青皮的禁忌，《本草蒙筌》也明确写道："老弱虚羸，尤宜全戒。"当人们受到商家的误导和影响，在盲目追捧小青柑的时候，我们考虑过自己身体的承受能力吗？

在黑茶的陈化过程中，如湖南的千两茶、六堡茶，容易出现"金花"。"金花"在普洱茶中少见，首先与现代普洱茶的用料越来越嫩有关；其次是云南的紫外线强、天气干燥。普洱茶偏薄的饼型，无法形成内湿外干、外凉内热的厌氧环境。"金花"的存在，常见于多糖含量较高的粗老茶叶中，且须具备体积大而紧压的特点，含水率至少要在10%以上。

我们在茶中看到的"金花"，其实是黄色的冠突散囊菌，它是茶叶在发酵过程中接种的一种强势霉菌。金花不溶于茶汤，因此，强调"金花"对人体有多么神奇的保健功效，似乎有点牵强，除非像发酵的豆腐乳一样，需要吃到胃里。但是，即使吃到了胃里，"金花"也没有任何的营养作用。在茶的发酵或陈化过程中，由于茶的外干内湿，并有意或无意间接种了冠突散囊菌种，菌群在一定的温度、湿度条件下，就会旺盛地繁殖，生成强势的金花菌群。茶中只要有金花菌群的存在，就会抑制其他有害菌群的生长。因此，凡是有金花存在的黑茶，一般都不会发霉，茶汤通透明亮，口感甜滑柔顺，且较耐泡。这是因为金花的形成，是大量微生物的产生、繁殖、氧化聚合的过程。而微生物的繁殖和氧化聚合，必然也像其他有益菌群一样，能够分泌淀粉酶、蛋白酶和氧化酶，促进茶叶的降解、水解、氧化等，形成黑茶特有的滋味与品质。

金花，通常是分布于黑茶类内部的金黄色的饱满的圆形颗粒，绝对不会以菌丝的形式，存在于茶叶的外表面，这是金花与严重致癌的黄曲霉菌的根本区别。一款陈茶，如果在茶叶的表面上，分布有黄褐色、黄白色的丝状或粉状菌体存在，且茶汤黑浑、燥喉、有较重的霉味或土腥气味存在，这样的茶，极有可能已经感染了黄曲霉菌。黄曲霉菌是目前发现的化学致癌物中最强的物质之一，主要损害肝脏，并有强烈的致癌、致畸、致突变的作用。另外，某些黑茶类饮后造成的腹泻、呕吐等症状，并非是某些人刻意误导宣传的改善肠道菌群的作用，应该是茶叶在存储、陈化过程中，因保存不当感染、滋生的菌群超标所致。

市场上的某些黑茶类，由于用料过于粗老，可能会存在氟含量的超标问题。茶树是一种高氟植物，能主动从土壤中摄取并富集氟元素，然后主要累积在叶片内，所以茶梗的含氟量，会远低于粗老的叶片。鲜叶越粗老，其成茶的含氟量就会越高。一芽

老千两茶的局部"金花"

茯砖茶中的金花

三、四叶的茶叶含氟量，一般会在200毫克/千克以下。第四个叶片的含氟量，大约是第一叶的5倍；其余更老叶片的含氟量，甚至是嫩叶的数十倍之多。一般来讲，大叶种的含氟量高于小叶种，夏秋茶的含氟量高于春季茶。

氟是人体必需的微量元素，摄入适量的氟，对预防龋齿和骨质疏松，有着非常好的疗效。南北朝时，陶弘景《杂录》认为："苦茶，轻身换骨，昔丹丘子、黄山君服之。"茶能轻身换骨，此论虽然有些夸张，但陶弘景作为著名的医家，能够很早认识到茶叶对人的骨骼发育，有着非常重要的影响和促进作用，确实是了不起的成就。

微量元素固不可缺，但多则成病。人体若是摄入过量的氟，其危害是巨大的。

# 饮茶寒温需细辨

茶性的或寒或凉，都源于饮茶后的身体反应，表现为身体对寒的刺激和感受的程度不同。

　　查阅古往今来关于茶的文献，茶性大致分为大寒、冷、寒、微寒、凉、微凉等。茶性的或寒或凉，都源于饮茶后的身体反应，表现为身体对寒的刺激和感受的程度不同。能使身体产生清凉感的、舒缓体内燥热之气的，就属寒性。中医典籍或诸多文献里记载的茶性"温"，既不是热的表达，也不是暖的感受，是相对于其他茶类的不寒而已，更多的言外之意是在强调，茶性温和，刺激性低。茶禀草木之灵，喜阴好湿，本性难移。从属于六大茶类的各种茶，无论怎样加工，无论新旧，茶的清凉本性是不会改变的，发生改变的，仅仅是程度的不同。抛除新茶加工时吸收的燥气影响，我们在品饮各色茶类时，身心、胃肠感受到的那种清冷、凉爽、滋润、平静的感觉，就是茶的寒性使然。故老子说："静胜躁，寒胜热，清静为天下正。"

　　为什么茶会有大寒、冷、寒、微寒、凉、微凉等不同的分化呢？这是由于不同季节、不同生态、不同等级、不同加工方式等原因，造成的茶内咖啡碱、氨基酸、糖类等物质的含量差异所致。我注意到，在明代的47种中医古籍中，共记载了14种茶性"微寒"的茶，其对应的性味是"甘苦"，而非"苦甘"或"苦"。这进一步证实了，凡是偏甜的茶，其寒性会相对较弱。

我们知道，茶树中的生物碱以嘌呤碱为主，而嘌呤碱又以咖啡碱为主要成分，咖啡碱就是决定茶性的根本所在。抓住了咖啡碱的含量变化，大致就可掌握茶类寒性的动态变化。而咖啡碱的含量，会因茶树品种、季节、生态、采摘、加工方式的不同而不断变化着。适宜做黑茶类的大叶种，比适合做乌龙茶的中、大叶

种及做绿茶的中、小叶种，其咖啡碱的含量要高得多，其寒性就会更重。因此，赵学敏说：普洱茶"味苦性刻"。清代著名医家王孟英说："普洱产者，味重力峻。"在不同的季节中，夏茶、秋茶会比春茶的咖啡碱含量高，故夏、秋茶更苦涩。在同样一株茶中，芽、叶的咖啡碱含量，以茶芽和第一叶含量最高，余者依次递减，而又以茶梗中的含量最低。故等级越高、越细嫩的芽茶，在冲泡时，投茶量宜适当减少，细嫩的新茶也不适合煮饮。另外，咖啡碱在120℃以上具有升华的特性，因此，焙过火的茶类或久存的茶，苦味较低，寒性减弱。火的轻重高低，攸关茶叶的寒性变化。从阴阳五行的辨证规律来看，火生土，土在滋味属于甘，甘则缓之，辛、甘、淡又属阳，故当茶叶经过火的炮制后，滋味会趋于甘甜，茶的寒性会有不同程度的降低，刺激性也会相应减弱。

糖类是茶叶中的主要甜味物质，它是叶片通过光合作用合成的。一般来讲，阳光越充足的地方，所生的食物会越偏暖性。茶树的幼嫩茶梢，在光下合成的多为单糖和蔗糖，但也会因呼吸作用分解掉一部分。在良好的生态环境里，阳崖阴林，雨雾萦绕，茶树会因植被覆盖率高、昼夜温差大、呼吸作用减弱等，从而积累更多的糖类、氨基酸等有机物质，这也是高海拔茶的茶汤细腻、呈花蜜香的重要原因。

氨基酸是茶叶中的主要化学成分，目前已确认的氨基酸有26

种之多。氨基酸是构成茶叶香气和美妙细腻滋味的重要物质，其中含量最高的是游离的茶氨酸，一般占茶叶干重的1%～2%。生态良好的春茶含量，可能超过2%。茶氨酸的存在，对茶叶品质的鲜甜及缓解茶的寒性等，起到了至关重要的协调作用。

茶氨酸主要在茶树的根部合成，其中以须根部位含量最高。茶氨酸于秋冬低温季节，在茶树的根部合成，等到来年春天的茶芽萌发期间，才陆续转移到茶树新生的芽叶部位，故茶氨酸以头春茶的含量为最高。在茶树新梢的萌发过程中，如果光照太强，茶氨酸会降解为谷氨酸和乙胺，乙胺会部分参与儿茶素的合成，

而使茶叶滋味偏涩。如果是在浓荫蔽日、竹林围合、空气湿润的烂石之地，茶氨酸向儿茶素的转化，就会受到明显抑制，茶氨酸便会在茶树的芽叶部位，得以最大限度地积累下来。高氨低酚，恰是上好春茶的品质特征。唐代刘禹锡的"阳崖阴岭各殊气，未若竹下莓苔地"，不就是茶树生长需要的绝佳生态的真实写照吗？竹林、烂石、莓苔地上的茶树，毛细根发达，最有利于茶氨酸的合成与积累。茶园里有青青的莓苔、繁芜的杂草，一方面反映了茶山的空气湿润、生态良好；另一方面，也因竹林风味、翠烟微冷，会消解公众对当下茶园滥用灭草剂的质疑和担忧。

综上所述，生态良好、海拔较高的春茶，由于糖类、氨基酸、芳香物质的含量较高，这些甘温物质的存在，既可遮掩、修饰茶汤的苦涩滋味，又能明显减弱茶叶的寒性与刺激性。因此，明代李中立的《本草原始》说："细茶宜人"，"粗茶损人，粗恶苦涩，品类之最下者"。清代汪昂的《本草备要》也说："味甘而细者良。"可见，色清味甘、茶汤细腻、黏稠、密度高，是宜人良茶的主要标志。

茶类寒性的强弱，主要取决于茶中游离咖啡碱的含量高低，与糖类、氨基酸、脂类、芳香物质等组分比例，也有密切关系。茶类的发酵与否，与茶的寒性变化关联度并不高。例如在低温状态下，红茶的轻发酵，会导致咖啡碱含量的增加，可能会使茶叶的寒凉程度加重。又如黑豆本为平性，通过发酵做成的酱油，

则变成寒性食品。从上述例证可知，发酵并非是决定茶性寒温的必要条件，也没有证据表明，发酵的茶叶，一定会变成温性或热性。况且，红茶、乌龙茶的所谓"发酵"，只是茶多酚在多酚氧化酶作用下的有氧氧化，而非真正意义上的微生物主导的发酵过程。但是，由于茶红素、茶褐素会对咖啡碱具有一定的络合作用，使得茶中游离的咖啡碱的溶出率，有不同程度的降低或含量减少，因此，茶叶发酵程度的高低，与茶叶的寒性变化，有一定的间接的相关度。对茶类寒性影响最大的，莫过于茶叶在干燥或精制过程中，其焙火温度、焙火频率等因素的影响。火生茶色，焙火强度与茶类的寒性变化，是呈正相关的。

国内外多组数据表明，红茶的酶促氧化及黑茶的渥堆发酵，可能会增加茶中的咖啡碱含量。但是，为什么经过发酵的成品茶，会变得滋味醇和甘甜、茶性温和了呢？我们往往只关注茶类是否发酵，而忽略了茶的干燥、焙火对此造成的关键影响。首先，毛茶的干燥、成品茶的复火、精制，都会有效地降低咖啡碱的含量。其次，茶的深度氧化或发酵，降低了涩味的酯型儿茶素的含量，增加了香气成分。对红茶来讲，增加了可溶性的糖类与水溶性果胶的含量。对黑茶来讲，尽管可溶性糖类与氨基酸的含量会有所降低，但是，茶多糖和水溶性果胶的含量，却是有了明显的增加。还要注意一点，黑茶类采得比较粗老，与其他茶类比较，糖类的含量本身要高很多，其咖啡碱的含量，也是低出很多的。另外，尽管茶叶的发酵过程，可能会增加成品茶中咖啡碱的含量，但是，发酵茶类还存在一个不易被觉察的特点，即是随着多酚类物质的氧化、发酵程度的加深，咖啡碱与其形成不溶性酚类复合物的比例就越大，茶汤中游离的咖啡碱含量，相应的就会越低。这才是发酵茶类寒性降低、茶汤醇和、甜润的根本原因。

我们经常碰到一些以次充好的茶类，尤其是普洱生茶，刚买回来冲泡时，会很甜香，存放一段时间后，往往会变得苦涩加重。其原因大概是，在茶叶的炒制过程中，利用湿闷产生的茶黄素，来复合降低游离态的咖啡碱含量。待以时日，等茶中的不稳定的酚类复合物分解以后，咖啡碱又重新游离出来进入茶汤，从

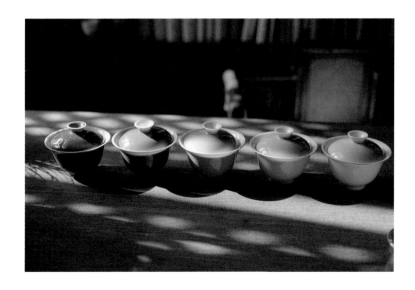

而使茶汤的滋味变苦。

一阴一阳之谓道。任何事物都包含着阴阳的两个方面，阴阳双方发生转化的内在根据，即是阴阳互根、互藏、互寓的辩证关系。茶性的寒、凉，在一定条件下是可以转化的，这就需要具体问题具体分析。当茶里的咖啡碱等阴性物质含量偏高时，茶汤表现为滋味苦涩，茶性就偏于寒凉。根据寒凉程度的不同，依次体征为大寒、寒、微寒。当茶里的阳性物质茶氨酸、糖类、果胶等含量较高时，茶汤就表现为甜润顺滑，依次体征为凉、微凉、温凉。当甘寒性凉的高品质茶，因投茶量、出汤时间等外在因素，造成茶汤浓度的突然升高时，微凉的茶类，也可能表征为寒或微寒。总之，无论茶内物质的矛盾双方如何发生变化，茶叶的寒凉、清凉特性，是不会发生根本改变的。

我们在泡茶时，首先会利用沸水的热量，能够很大程度地改善、缓和茶叶的寒性，这即是传统文化所讲的"去性存用"之妙。其次，对于同一种茶，可能会因投茶量的多寡、浸泡时间的长短，造成盏中茶汤浓度的高低不同，从而呈现出茶汤寒与凉的机动性差别。这种茶性随着剂量、浓度的不同，而相应呈现的随机变化，亦充分体现着，万事万物皆有阴阳且无限可分的规律性。

凡是甘甜的茶汤，往往温而不寒；凡是苦涩的茶汤，寒性都会愈苦愈重，反之亦然。这里的"温"，并非是指茶性的"温热"，准确地讲，是指茶汤的温和而又清凉，幽而不寒。这种温柔包裹下的清泠，极富韧性与力量，往往会暗中伤人，多么像《红楼梦》中的花袭人。因此，从某种意义上讲，我们平时认为的"绿茶会比红茶寒凉"，就是值得商榷的表达。这需要去综合考虑茶叶的生态、采摘标准、季节、工艺及其焙火程度等。一个品质较差的夏秋茶青做出的红茶，有可能会比头春的细嫩绿茶要寒得多。一款半发酵的清香型铁观音，也可能会比不发酵的绿茶、甚至白茶要寒凉很多。其中细微的差异与奥妙，需要运用自己的感觉器官去认真感受、细细体会，也需要运用我们的综合知识去辩证分析，才有可能得出相对准确、令人信服的结论。

对于各色的老茶、新茶、氧化茶、发酵茶、焙火茶等，茶叶的清凉感、冰糖甜，都是高品质茶类所具有的共同特点。这种身体可以感受到的清凉气息与本能反应，本质上就是茶叶的寒凉性，只不过这种寒与凉的程度，因人的禀赋、健康或体质的差异，在不同人群中的反应与感觉不同而已。

# 茶应少饮不宜多

喝茶养生，愉悦身心，需要顺其自然，不要对茶寄予能治百病的空想与奢望，更不可因此而过饮。

　　清代鲁永斌的《法古录》写道："饮茶少则神思清，多饮则致疾病。"李时珍作为医学大家，也为年轻时不懂节制的过量嗜饮，造成的疾病痛心疾首过。一个健康的成年人，究竟每天饮用多少茶量为恰当呢？人的禀赋不同、经历有别，理解各异，答案可能会众说纷纭，莫衷一是。

　　既然适饮多少茶量不好定论，就需要抓住主要矛盾，找到茶中最主要、最独特的某一种成分，去做定量定性研究。那么，这种物质，只能是咖啡碱。植物的叶芽里面是否含有一定量的咖啡碱，是目前茶树区别于其他植物的主要标志。

　　2010年版的《中华人民共和国药典》明确写道：咖啡碱是"中枢兴奋药，味苦，有风化性"。茶叶属于食品类，是绝对不允许存在不良反应的；而药品是用来治病的，是容许存在一定的毒副作用和不良反应的，这是世界上每一个国家对药品和食品管理的通则。

咖啡碱易溶于热水。在冲泡茶叶时，大约有80％左右的咖啡碱溶于水后，进入茶汤被人体吸收。茶叶中的咖啡碱含量，一般在2％~5％之间，为便于计算，取较高值3.5％。以茶中的咖啡碱含量为基准，我们就可很容易算出，每天每人的最大饮茶量，折合为干茶后，不应超过14克这个安全极限。我国著名的茶学大家陈椽教授在《茶药学》一书中，从专业角度提出的安全饮茶建议为："每天饮茶要适量，不可过多或太少，大约5克~10克。"这是非常客观而又审慎的指导意见。

综上所述，控制合理的饮茶量，对于自身健康和预防疾病是非常必要的。现代很多人为了卖茶，肆意夸大茶的疗效，或作欺骗性的虚假宣传，类似的行为，首先是违法的，因为，国家是把茶叶列入食品类管理的，茶叶作为食品正常饮用，对于任何疾病，是不具备任何的治疗功效的。预防和治疗，是两个迥然相异的概念，这一点必须要清醒。其次，如果把茶叶作为药品使用，就必须达到相应的药用剂量。饮茶若是达到一定的药物剂量，可能会对身体造成某种损害；但若达不到一定的剂量，茶内的成分，又不可能对人体产生必需的药理效果。这就是为什么很多关于茶的研究，在实验室内的小白鼠身上可能有效，一出实验室就基本无效的根本原因。更为重要的是，作为药品，必须要经过大量的临床验证有效，并通过国家食药监局的批准，有确定的适应症状和治病功能方可。关于茶叶的这个药用剂量是多少，究竟能

够确切地治疗哪一种疾病，现在有结论吗？答案肯定是不存在的。假设真的有，我们以后再买茶，就不可能像今天这么随意了，就必须要到注册的药店或者医院，凭医生的处方去购买。想想在今天，那些以茶当药的怪论，又是多么的荒诞不经！试想，如果以茶代药，我们的身体，能否承受得住过饮之重？

知者乐，仁者寿。喝茶养生，愉悦身心，需要顺其自然，不要对茶寄予能治百病的空想与奢望，更不可因此而过饮，否则，就会顾此失彼，按下葫芦浮起瓢。况且，通过梳理历代的文献，我们能够知道，通过饮茶，能够真正独立治疗的疾病，是很局限或几乎是不可能的。

适量饮茶，咖啡碱可促进胃液的分泌，提高胃肠的蠕动能力，协助消化，即是我们认为的喝茶有健胃消食的作用，也是各医籍记载的"消食、消宿食、去油腻、消垢"等功效。适量饮茶摄入的咖啡碱，能够在45分钟后，被胃和小肠吸收。如果茶汤浓度过高或过量饮茶，停滞在胃肠中的咖啡碱，会对胃肠黏膜形成刺激，这是造成人体胃肠溃疡发病的重要诱因。因此，患有胃肠溃疡的人群，尽量不饮茶或少饮茶。

我们在泡茶时，若是投茶量过大或茶汤的浓度过高，会因咖啡碱的过量，造成食欲不振、恶心、呕吐等症状，对此我深有体会。2016年，我与天心村的郑圣林先生，在品一款牛栏坑肉桂时，记得当时的投茶量是10克，出汤较慢，茶汤较浓，品完后即

觉头晕，至晚饭时，仍怏怏不欲饮食。当时误认为是此茶的茶气强烈，其实是咖啡碱的摄入过量了。咖啡碱摄入过量，还会造成烦躁、抑郁、兴奋、失眠、胃肠紊乱、思维涣散，次日极度疲劳等不良症状。

饮茶过量造成的"茶醉"，相信很多爱茶人都有此体验。诸如四肢无力，恶心、干呕、心悸、心慌，手发抖等症状，即是茶中的咖啡碱，降低人体血糖造成的。这也是空腹、饥肠辘辘时，不宜饮茶的重要原因。

适量饮茶，咖啡碱能够兴奋中枢神经，减轻肌肉的疲劳程度，可"清神少睡""有力悦志"，这是因为"饮茶少则醒神思"。如果长期过量喝茶，或熬夜，或不按时作息，依赖茶去振奋精神，长此以往，就会如李时珍所言："元气暗损""精血潜虚"。咖啡碱的"醒神思"，本质上是兴奋了大脑皮层，强行消除了睡意。其实这种短暂的清醒与貌似的精力充沛，是困乏的暗度陈仓，它只是咖啡碱给大脑造成的一种幻觉，不过是掩盖了身体的疲惫而已，并没有使人的精神与体力获得真正的休息和恢复。如果长期饮茶过量，或依赖茶的刺激兴奋神经，本该"夜读更深早歇息"，却又强打精神，那人常在灯火阑珊处。这种借助咖啡碱醒神的焚膏继晷，本身是对身心和能量的严重透支。迷途知返，往哲是与。人体的精、气、神，若暗耗过多而不知休息与补养，就会如《本草求真》所记："（茗茶）多服少睡、损神。

久服瘦人、伤精。"

浓茶里的咖啡碱，还有强大的利尿作用。适量饮茶，通过茶的利尿作用，可以及时排泄掉体内代谢产生的废物，明显降低肾结核、肾结石的发病率。如果饮茶过量，不但会减少肠道对钙的吸收，增加尿钙的排出，而且会因利尿过甚，影响肾脏的功能，引起口渴、便秘等现象。

适量饮茶，有减肥去脂的功效。明代《雷公炮制药性解》说："过食伤脾。"清代《务中药性》认为："过饮伤脾、耗散气。"历代医家都认为，过量饮茶会损伤脾阳。脾主运化水谷，当体内的水液不能被脾代谢出去，就会造成湿浊内生、痰湿肥胖。很多人最初选择喝茶，其目的是为了减肥，反而最终越喝越肥，事与愿违。学会健康合理的饮茶，才能不忘初心，方得始终。若再出现食少困倦、四肢无力、面部油腻、身重痰多等病理现象，说明身体已经开始报警，喝茶真的是严重过量了。

# 内质拮抗咖啡碱

酒足饭饱后，不宜立即喝茶，茶汤会冲淡胃液影响消化。

　　咖啡碱的含量，是构成茶汤爽利刚猛的主导因素。卤水点豆腐，一物降一物，在茶中能够以柔克刚的，要数茶氨酸了。咖啡碱的兴奋神经与茶氨酸的安心怡神，共同构成茶之阴阳的两个方面，一阴一阳，道涵其中。茶氨酸的鲜甜，不仅能够遮掩、修饰咖啡碱的苦味，而且能够很好地抑制咖啡碱的兴奋作用，使人兴奋而不亢奋，使人不寐又不至于失眠，使人舒缓愉悦而不郁闷焦虑。越是品质好的春茶，茶氨酸的含量相对越高，平衡咖啡碱的能力就会越好。

　　现代科学研究表明，茶氨酸能促进脑中枢多巴胺的分泌，提高脑内多巴胺的生理活性，使人心情愉悦。茶氨酸与咖啡碱对血压的影响正好相反，它具有降压安神，促进睡眠的作用。咖啡碱的兴奋作用，是一种掩盖身心疲惫的强打精神，这种兴奋会影响人的专注力，令人无法进行深入思考。茶氨酸平复内心的安神作用以及由此产生的神清气爽的感觉，可促进大脑皮层进行松弛的

深入思考，即是华佗所讲的"益意思"。对此我深有体会，每逢埋头耕耘，思绪纷乱，一盏野生的顾渚紫笋在手，可让人心生欢喜，云淡风轻，文思泉涌，何须去搜枯肠？

能明显抑制咖啡碱苦味的，不惟有茶氨酸、糖类，还有一个潜伏着的无名英雄，即是茶多酚的氧化物，它包括茶黄素、茶红素、茶褐素，它们能够在叶底或茶汤内与咖啡碱形成复合物，减少游离的咖啡碱含量，从而降低茶的苦味与寒性。

从常识中我们知道，红茶的发酵程度是高于乌龙茶的。但是，如果想当然地认为，红茶的寒性会比武夷岩茶弱，确实是失之偏颇的。红茶的发酵虽然重，但在发酵过程中，咖啡碱的含量是增加的，有可能增强了茶的寒凉性。如果相比较的武夷岩茶是中足火的，此时，尽管武夷岩茶比红茶的发酵会轻，但是，武夷岩茶的茶青是开面采摘，采得比较成熟，还原糖的含量较高，又加之焙火较重的原因，可能会使茶中的咖啡碱含量降至较低的状态，从而使茶性趋于微凉。从这个意义上讲，茶叶的发酵轻重，并非是影响茶之寒性高低的必要条件。因此，如果比较两类茶的寒性强弱，一定要在同一个品种、采摘标准近似、焙火程度相差无几的前提之下，才会得出相对准确的结论，否则就是管中窥豹、瞎子摸象。例如：同样是桐木关的红茶，传统的烟熏小种红茶，会比电焙的红茶更趋温和；一芽两叶的小赤甘，就会比采撷成熟的野生老枞红茶要寒凉一些。利用青楼传统工艺，松柴明火干燥的野生老欉红茶，如"红袖添香"，一定会比焙火较轻的武夷岩茶的茶性温和、刺激性弱。

　　同样是红茶，云南晒红茶的寒性与刺激性，可能要比安吉白茶或野生顾渚紫笋要重。但是，桐木关呈松烟香的传统正山小种红茶，有可能要比绿茶温和很多，对胃肠几乎没有刺激性。对茶的正确认知，如果能够达到这个层面，我们就会很理性地认为：绿茶、红茶、乌龙茶、甚至黑茶类的寒温，都是不能随意类比的。要一茶一议，由此得出的结论，才最接近茶性的真相。水云佳处看回来，少听痴人多说梦。

　　如果在实验室里，用低PH值沉淀法，测出的某些红茶、黑

茶中的咖啡碱含量，可能会比绿茶高一些，这并不奇怪。但是，茶的发酵会生成不等量的茶黄素、茶红素、茶褐素。在发酵的过程中，一部分咖啡碱会与茶红素复合为不溶于水的物质，沉淀在叶底中。在茶的瀹泡过程中，还有一部分游离的咖啡碱，会与茶汤中的茶红素等络合为复合物。这部分复合物，进入酸性的胃液中，在酸性条件下，又会形成不溶于水的沉淀，因此，茶汤中游离的咖啡碱，会以不同形式在不同条件下降低很多，此时此刻的茶汤，会表现得柔和顺滑、温情脉脉，而非铁骨铮铮。据实验测定，在普洱熟茶的发酵结束以后，咖啡碱的总量，貌似在数值上提高了，其实，游离的咖啡碱含量却是显著降低了，至少减少了25％。随着茶叶发酵程度的加深，呈结合态的咖啡碱复合物，会随之不断增加；游离的咖啡碱含量，自然会愈来愈低。

一个人如果饮茶量过大，不但摄入的咖啡碱数量会增加，而且当茶汤稀释冲淡了胃液，之前络合为复合物的咖啡碱，又可能因分解而游离出一部分来，就会叠加造成胃中咖啡碱含量的突然升高。原本很温和的茶汤，猛然间又会变得刚猛、刺激；本来适量饮茶，咖啡碱能够促进胃液的分泌，可使胃肠收缩张力及振幅增大，有健胃、助消化的优点。可是，一旦过量饮用，就要发生质变，茶就会暴露出刺激胃、影响消化的弱点来。物无美恶，是非只在一线之隔，看自己如何去把握了。过量饮茶，咖啡碱的摄入量增加，茶的苦寒性增强，不但会伤害脾胃，而且会使人焦虑、无力、失眠，恶心、造成体内的湿气加重等，危害甚大。从《中药学》中，我们能够了解到，苦寒药物的伤胃现象，主要与其寒性有关，微苦或微寒的药物均不伤胃。这一点，与咖啡碱的变化对胃肠影响的规律，基本是一致的。祸福相倚，物极必反，这也是不宜喝浓茶、不能过量喝茶的深层次原因。

人体的胃排空时间，自饮食后5分钟开始。食物中的糖类，在胃中停留1小时左右，而蛋白质类需要停留2～3个小时。为保证饮食的充分消化和胃的健康，饭后即使饮水，也要在30分钟以后。若要饮茶，至少应在2个小时以后，才能保证蛋白质的充分消化与吸收。茶汤作为流体，在胃的停留时间很短，10分钟左右基本可

以从胃内排空，半个小时左右能够到达膀胱。为保证胃液不被稀释而影响消化，饭前半小时内，还是建议不要饮茶。

从上述可知，酒足饭饱后，不宜立即喝茶，茶汤会冲淡胃液影响消化。倘若长期如此，茶多酚会影响人体对蛋白质以及矿质元素的吸收，造成严重的营养不良。茶多酚的抗氧化性，可以通过降低过氧化物，保护肝脏或促进肝功能的恢复。但是，如果控制不好恰当的饮茶时间与饮茶浓度，摄入过量的茶多酚，同样也会损害肝脏的健康。其本质原因是，茶多酚影响了蛋白质的吸收，逐渐会造成肝脏的长期营养不良。肝脏的营养不良或过量饮茶造成的缺钙，都可能影响到人体的脂类代谢，从而引起人体发生说不清道不明的虚胖。

# 水要轻清甘活洌

选择泡茶的最佳水质，是绝对不能影响或改变茶汤的天然酸度的。

明末清初的张大复，在《梅花草堂笔谈》中说："茶性必发于水，八分之茶，遇十分之水，茶亦十分矣；八分之水，试十分之茶，茶只八分耳。"茶滋于水，水为茶之母。好水，不仅能够修饰茶质之不足，而且更使佳茗锦上添花；相反，如果水质较差，不仅不能彰显茶之韵味，而且会不同程度地降低茶之品质。

茶多酚是茶汤内的主要活性物质。由于茶多酚具有酚羟基，可以游离出氢离子，故茶汤的PH值≦7。这表明所有茶类的茶汤，都是呈弱酸性的。这个结论明确告诉我们，选择泡茶的最佳水质，是绝对不能影响或改变茶汤的天然酸度的。否则，当茶汤固有的酸碱度，一旦发生人为改变，就会使茶汤里的多酚类物质，发生不可逆转的氧化，从而影响到茶汤的色泽与滋味。事实证明，只有偏弱酸性的水质，才能保证儿茶素的化学稳定性，有利于茶汤内儿茶素浸出率的提高。

无论是天然的地下水，还是江河湖泊的水源，都不可避免地溶解有二氧化碳气体，所以，绝大多数的天然水是呈弱酸性的。日本饮用水的水质标准规定：PH值为5.8～8.6。我国GB5749生活饮用水卫生标准规定：PH值为6.5～8.5。美国环境保护署公布的饮用水水质标准：PH值为6.5～8.5。从发达国家公布的饮水标准来看，市场吹嘘的碱性水的治病保健功效，就是一种商业欺骗。因为，喝到体内的水，首先要进入到胃里。而人体的胃，则是一个强酸的环境，PH值约为2～3。当碱性的水到达胃里，不可避免地会被胃酸中和掉。假如饮用水的碱性过高，不但会改变胃液的酸性环境，而且还会影响到人体的消化吸收功能。脾胃为后

天之本，误伤了脾胃，影响了食物与营养的吸收和代谢，健康又从何谈起呢？不仅如此，若使用碱性水泡茶，任何茶类的茶汤品质，都会受到些许的改变或影响。这些人为的改变，是不利于提高茶汤品质的。

水的矿化度，是指水中含有钙、镁、铝、锰等金属的碳酸盐、重碳酸盐、氯化物、硫酸盐、硝酸盐以及各种钠盐等的总和。如果水体的矿化度太高，总盐大于1克/升～3克/升，就会成为微咸水。如此的微咸水，别说用来泡茶，饮用也是不允许的。矿泉水是指含有一定矿物质的水，种类繁多，其中含有的离子或硬度，都会或多或少地影响到茶的香气、滋味以及茶汤的色泽。因此，不是所有的矿泉水，都适合泡茶的。

我最早曾在《茶席窥美》一书中，从专业角度提出了泡茶的"择水六要"，即"源、清、轻、甘、活、冽"。只要泡茶用水满足了这六个基本条件，就一定能够泡出一杯令人满意的茶，且茶的真香、真味、汤色、气韵，都能得到恰如其分的表达。

### 1. 水之源

"山水上，江水中，井水下"，是陆羽择水重源的经典标准。陆羽讲的"山水"，是"其山水，拣乳泉、石池漫流者上"。这里的山水，是特指乳泉渗透出的山泉水。其中，以从乳泉丝丝缕缕渗出的石池中，漫溢而出的水质为最佳。

很多人看到乳泉，便会望文生义。认为乳泉，就是从钟乳

石的缝隙间汩汩流淌出的泉水，这是违背常识、大错特错的。相反，从钟乳石上滴下或从其缝隙里涌出的泉水，碳酸盐处于饱和状态，硬度很高，根本就不适合泡茶。因为钟乳石的形成，本是溶解在水里的碳酸氢钙，在一定条件下，分解后生成的碳酸钙而逐渐沉积下来的岩石。

所谓乳泉，应该是像乳汁一样，经砂石过滤层，慢慢从石头缝隙里渗透出的较纯净的泉水。恬澹无人见，年年长自清。乳泉是"幽泉微断续"，亦是"泉眼无声惜细流"。仅仅是乳泉渗出的水质，用于泡茶还不够上好。从地层渗流出的泉水，还要继而汇集到一方水池里，有充分溶入氧气和二氧化碳的时间逗留，最后再从石池里自然溢出的水，才会成为泡茶用水的上品。溶解了一定量的二氧化碳的水，呈弱酸性，不会对茶汤的本来面目形成任何干扰。冷然一啜，方能准确表达出茶的香韵。

陆羽尝谓："烹茶于所产处无不佳，盖水土之宜也。"此论诚妙，陆羽准确道出了茶与水的真实关系和微妙内涵，很恰当地指出了，茶在生它育它的原产地，冲泡出来的色、香、滋味最佳。田艺蘅《煮泉小品》曾对此解读说：泡茶时，"意者所谓离其处，水功其半者耶"。这是什么原因呢？如果把泡茶的过程，视为是茶类制作失水的逆过程，一切便会真相大白。泡茶择水的"水土之宜"观点，究竟是陆羽、还是状元及第的张又新最早提出的，已经很难去考证了。我倾向的是唐代的张又新。因为他在

《煎茶水记》中，将此论表述得非常完整："夫烹茶于所产处，无不佳也，盖水土之宜。离其处，水功其半。然善烹洁器，全其功也。"

新鲜茶青的含水率大约在75%左右，经过杀青、干燥后，干茶的含水率，一般会控制在6%以内。脱去的水分，主要为纯净的物理吸附水和化学结合水。通过茶青的萎凋、杀青、物理干燥失去的水分，都是没有硬度的纯净水。要想把茶的香气和滋味准确无误地表达出来，那一定是纯净水对茶内质的干扰为最小。古人没有条件得到纯净水，所以，茶叶原产地的山泉水，根据相似相溶原理，就别无选择地成为最理想的溶解度最高的泡茶用水。田艺蘅在《煮泉小品》进一步写道："茶，南方嘉木，日用之不可少者。品固有美恶，若不得其水，且煮之不得其宜，虽佳弗佳也。"现代科学也证明，水中的离子含量越高，对茶的内质影响越大。水中的离子含量，不仅影响到茶叶香气的表达，而且会影响到茶多酚、儿茶素、氨基酸、糖类、有机酸等的浸出率。据试验测定，相对于纯净水，若用天然的矿泉水泡茶，会使儿茶素和草酸的浸出量降低50%左右。

## 2. 水之清

苏轼的《汲江煎茶》诗有："活水还须活火烹，自临钓石取深清。" 其中的"清"，是指水体清澈，清泠沉静。我国的饮用水标准规定：饮用水的色度，不应超过15度。假若超过15度，就

会带来视觉上的不适感。水质清澈，意味着水的浑浊度低。饮用水的浊度，要求低于3度。浑浊度低，标志着水体中的有机物、细菌、病毒等微生物含量少，水质干净。宋代赵庚夫有诗："清泉煮茗自甘肥。"用清澈的泉水煮茶，水质纯净自会甘甜，一个"肥"字，用得传神可爱，大概是指茶汤的内质溶解度高而汤感愈发醇厚吧！

### 3. 水之轻

宋徽宗的《大观茶论》，把对水的认知和审美，提升到了一个新的高度。他认为："水以清、轻、甘、洁为美。轻、甘乃水之自然，独为难得。古人品水，虽曰中泠、惠山为上，然人相去

之远近，似不常得。但当取山泉之清洁者。其次，则井水之常汲者为可用。"宋徽宗虽贵为皇帝，在对水和器的选择上，是非常务实和接地气的。对泡茶择水的态度与取舍，如他审视曾为百姓日常生活器物的黑盏一样，情有深浅，物无贵贱，即使是别人不屑一顾的井水，他认为只要符合清、轻、甘、活的标准，也是可以拿来泡茶的，这种以道观之的通透学识，尤为难得。

《红楼梦》中，栊翠庵茶品梅花雪，妙玉收自用梅花上的冰雪融水泡茶，就是取了雪水的轻浮之体、梅花的清幽之气。水之轻，是指水中无悬浮微粒，硬度极低，离子浓度低，纯净度高。采用硬度极低的水泡茶，茶的内质成分，在水中的溶解度会大大提高，香气高扬，茶汤趋于厚滑，啜之软顺。离子浓度越低，水中的酸、碱、盐等，对茶质的干扰就会越少，从而使茶汤更趋于油亮通透。

许次纾的"精茗蕴香，借水而发，无水不可论茶也"，讲的就是这个道理。

钙离子、镁离子是饮用水中常见的离子，其浓度的高低，不仅影响着水的硬度，而且会影响着水的滋味。如果水偏甜润，说明该水质的离子浓度低；如果水味苦涩，说明水中的离子浓度偏高，如海水、盐碱水等。

假设水中的硬度过高，可导致茶汤中儿茶素的涩味增加，茶氨酸的鲜甜度降低，咖啡碱的苦味和爽度减小，糖类的甜度下降，也会使茶汤的香气发生变异或大幅降低。其原因为：当水中的钙离子≧40毫/升，其中的钙离子，会与茶汤中的酯型儿茶素、咖啡碱、氨基酸、糖类等发生络合沉淀，就会严重影响到茶的汤色、香气、滋味、厚度、清透及其韵味。另外，假如水中的钙离子浓度偏高，即硬度偏高，它能与茶汤中的草酸形成不溶性的草酸钙沉淀，也会影响着茶汤的清澈度与观感。

当水中的铁、铝、钙、镁、铅、铬等任何一种离子过量时，都会导致茶的香气改变、滋味苦涩、茶汤寡淡等。尤其是铁离子，对茶汤的影响和敏感度最大，当水中铁离子的浓度≧5毫/升，茶汤就会变为黑色。古人喝茶，因没有条件得到纯净水，便选用硬度相对较低的雨水、泉水、井水等泡茶，当水质中的铁离子超标时，茶汤便会显现出令人厌恶的铁锈色。过去的农耕时代，人们习惯于日出而作，日落而息，夜晚特别的漫长，过夜的茶水经长时间静置后，氧化变色后的茶汤看起来会浑浊暗哑，色调黑红，令人不悦，滋味甚至是苦涩麻腥。其原因无非就是，茶中的酚类物质，一部分氧化成了茶黄素、茶红素；另一部分与茶汤中的铁离子等发生反应，生成了蓝紫色的沉淀。这就是古人所讲的"不饮隔夜茶"的原因之一。当下的我们，由于娱乐方式的多样化，生活习惯的改变，欢娱仍嫌夜短，相思尚未入梦，东方已是既白。在我们完全接受了发酵茶，基本习惯于纯净水泡茶之后，今天的隔夜茶，也不过是数小时之隔，又不像过去之长夜难明，其间恐有细菌滋生。我经常写书稿到深夜，当晚未喝透的那杯顾渚紫笋茶，常常不舍得倒掉。我认真试过多次，若是用纯净水瀹泡，即使到了第二天的上午，绿茶的叶底、汤色，并没有发生多少改变，喝起来仍会余韵犹存，更何况是其他的发酵茶呢？当然，夜饮不知更漏永，欲眠未眠，害肾伤肝，深夜喝茶，实在不是一个益于健康的好习惯。

绿茶的汤色，主要是黄酮呈现的黄绿色，故对铁、钙等离子超标引起的汤色变化，不太敏感。对于发酵茶，尤其是红茶，茶黄素对红茶的滋味、鲜爽度、茶汤的亮度等，有着极为重要的影响。水中的铁离子，不仅与茶多酚发生化学反应，生成蓝紫色的沉淀，而且也会与茶黄素发生反应，产生蓝黑色的沉淀，严重影响到红茶的汤色、香气与滋味的表达。从黄茶、白茶、乌龙茶到红茶，随着茶叶氧化程度的增加，水中的离子含量越高，如钙离子、镁离子、铜离子等，茶汤中生成的沉淀就会越多，茶汤的滋味就越偏苦涩、单薄，乃至乏味。陈化经年的老茶、普洱茶的熟茶等，茶汤的色泽以茶褐素为主的，受其影响，趋于减弱。

嗜茶成癖的乾隆皇帝，在亲自测定玉泉、珍珠泉、金山泉、惠山泉、虎跑泉等诸泉后，依据同体积的泉水轻重，将天下名泉列为七品。他在《玉泉山天下第一泉记》中记述："然则，更无轻于玉泉者？曰：有！雪水；尝收积雪而烹之，轻于玉泉斗三厘。雪水不可恒得。则凡出于山下，而有洌者，诚无过京师之玉

泉，故定为天下第一泉。"乾隆皇帝以水质的轻重，来衡量泡茶用水的品质，确实是科学的，洞烛先机，深得鉴水之精髓。

### 4.水之甘

蔡襄无愧为茶学大家，他在《茶录》里写道："泉水不甘，能损茶味。"的确如此。水的甘甜意味着什么？意味着水中的离子浓度较低。从自来水、矿物质水、矿泉水、山泉水到蒸馏水、纯净水，水中的离子浓度越少，纯净度越高，茶汤就会表现得越甘甜。

水之甘，是指水质甘甜，淡然而无杂味。离子浓度过高或者硬度过高的水，口感均会较差。电导率低于300微秒/米，总硬度低于100毫克/升的天然泉水，其所含的矿物盐类越低，水的口感便会表现得越甘甜。矿物盐类含量高了，水便会偏苦涩。

## 5. 水之活

朱熹有诗："问渠那得清如许？为有源头活水来。"水之活，是指水有活性，清澈流动，新鲜甘美。水的活性，主要体现在水中的溶解氧量和二氧化碳的含量上。"活水还须活火烹，自临钓石取深清。大瓢贮月归春瓮，小勺分江入夜瓶。"南宋胡仔读完苏轼的《汲江煎茶》后，他在《苕溪渔隐丛话》中赞曰："此诗奇甚！茶非活水，则不能发其鲜馥，东坡深知此理矣！"我们常说的"活水还须活火烹"，包含着两层意思：其一，如田艺蘅言，泉不活者，食之有害。流水不腐，户枢不蠹。水不活，不流动，容易滋生病菌和微生物等。其二，欲得活水，必择活火。活火即烈火，有焰之火。用有焰之火煎水，热值高，水沸快，水中的氧气与二氧化碳的溢出量会相对少些，水质便可保持住其鲜爽的特性。在水体中，气体的溶解度和温度是成反比的，因此，假如不用活火，而用低热值的慢火烧出的沸水，水质和口感便会温吞偏涩，水的鲜爽滋味便会降低很多。古人有诗："寒泉自换菖蒲水，活火闲煎橄榄茶。"用活水泡出的茶，茶汤鲜醇，滋味饱满。尤其是砂铫煎出的榄炭水，甜润细香，可使茶汤鲜醇饱满。宋代唐庚《斗茶记》中写道："水不问江井，要之贵活。"唐庚所言，真知灼见。

茶汤是呈弱酸性的。要保证茶汤中的儿茶素不被氧化，保持茶汤组分的天然稳定性，泡茶的水就必须呈微弱酸性或者中性。新鲜水中溶解的二氧化碳，能够电离出氢离子，保持着水体自然的弱酸性，恰能满足茶汤不被氧化这一基本要求。水中的二氧化碳含量越高，意味着水的新鲜程度和活性越高。假如水中的二氧化碳含量偏低，或PH≧7，水质偏碱性，就会造成儿茶素的氧化。不仅茶汤的色泽与滋味会受到影响，而且会影响到茶内含物质的浸出率，使茶汤变得淡薄而苦涩。

### 6. 水之冽

水之冽，是指水的清冽、甘寒、清冷、鲜爽等。泉水透过清寒幽深的地下过滤层，渗析漫出，轻清慢流，水温较低，保证了二氧化碳在水体中溶解量的丰富充沛，故入口爽冽饱满。这也是在夏季，我们喜欢喝碳酸饮料、感觉清爽刺激的道理。田艺蘅《煮泉小品》中说："泉不难于清，难于寒。不澄，不寒，则性燥而味必啬。"啬者，涩也。泉水不寒，势必燥涩，水性与茶的清润幽寒相悖，必定会损茶味、茶韵。由此可见，田艺蘅已得品茶择水三昧。李日华在称赞虎跑泉空寒，可以催发龙井茶的隽永时，便在《竹懒茶衡》记下了当时的深刻体会："龙井味极腴厚，色如淡金，气亦沉寂，而后咀咽之久，鲜腴潮舌，又必借虎跑空寒熨齿之泉发之，然后饮者，领隽永之滋，无昏滞之恨耳。"泠泠迸石甘泉冽，馥馥袭人和气生。现代科学已经证明，在溶解二氧化碳充足的天然泉水中，水的硬度自然偏低，其中可溶的碳酸氢盐，又能使水味变得更加新鲜，不但能增大茶内含物质在水中的溶解度，而且能够明显增加茶汤的鲜醇度和滋味的厚重程度。

从以上论述可以看出，相对纯净而偏弱酸性的水，是最理想的泡茶用水。行文至此，很多人可能会受到市场的蛊惑或左右，认为常饮纯净水不好。水对于人体，只是溶剂和载体。迄今为止，没有确凿的医学证据能够证明，常饮纯净水不利于人的健康，况且又是用于泡茶呢?

我们知道，天然水中的离子含量即使再多，也不能够被人体直接吸收。因为，它们是以无机矿物质的形式存在的。只有经过有生命的植物或微生物吸收后，把这些无机矿物质转化为有机矿物质，人体才能间接地吸收利用。由此可知，那些宣传喝纯净水缺钙、缺某种元素的言论，都是为了达到商业目的的故意歪曲，皆是荒诞可笑的无知之语。

谣言止于智者。饮水的目的，主要是为身体补充体液，而非营养。一个正常成人每天的需水量，大约会在2500毫升。 人体对矿物质和营养成分的吸收，并不能通过水来改善，要依靠食物才行，民以食为天。《黄帝内经》告诫我们："毒药攻邪。五谷为养，五果为助，五畜为益，五菜为充，气味合而服之，以补精益气。"以五谷杂粮为主，及时补充优质蛋白，合理调节饮食，适量饮茶，才是健康之大道。

水，至简至柔，却数性而善变。水的分子式为$H_2O$，是由两个氢原子和一个氧原子组成的。所以，在自然界中，既不存在大分子水，也不会存在小分子水，水分子的大小是恒定的，都是$H_2O$。

液态水的呈现，是以多个水分子、随机形成的水分子团存在着的。水分子团之间，维持着一个只有10秒到12秒的动态平衡，而不断更新、变化、分裂、聚合着。对于正常的饮用水，是没有办法、也没有必要去计算这簇与那簇水分子团，究竟有多大或者多小？这是没有丝毫实际意义的。由此可以看出，没有受到污染的饮用水，水的分子团是没有大与小之分的。也就是说，正常的饮用水，既没有所谓的大分子团水，也没有小分子团水的存在。水分子团的大小，完全取决于水的自然状态，可大可小，聚散竟无形。

信息时代，泥沙俱下，我们不要做那被裹挟着的沙粒。对于水质和饮茶的正确认知，唯有保持理性和独立，不断地去思考和发问，追根溯源。要学会明辨是非，警惕某些商家，利用信息的不对称，借用形形色色的专业名词，制造一些断章取义的伪概念，刻意夸大水与茶的某些功效。一灯能破千年暗，那盏照亮着我们前进、免于陷入伪科学泥沼的灯炬，不是每天源源不断、阅之不尽的碎片信息，而是通古今之变的深度阅读、质疑的态度、独立的思辨以及探索事物真相的科学精神。

○ **主要参考书目**

1. 柳长华：《神农本草经》，北京科学技术出版社2016年版。

2. 刘安、陈静：《淮南子》，国家图书馆出版社2021年版。

3. 苏敬等：《新修本草》，上海古籍出版社1985年版。

4. 孟诜：《食疗本草译注》，江苏凤凰科技出版社2017年版。

5. 陈藏器、尚志钧：《本草拾遗辑释》，安徽科学技术出版社2003年版。

6. 《黄帝内经》，人民卫生出版社2013年版。

7. 李时珍：《本草纲目》，人民卫生出版社1977年版。

8. 李中梓：《本草征要》，北京科学技术出版社1986年版。

9. 张景岳：《类经》，中医古籍出版社2016年版。

10. 赵学敏：《本草纲目拾遗》，中医古籍出版社2017年版。

11. 封演：《封氏闻见记》，辽宁教育出版社1998年版。

12. 陆游：《陆游集》，中华书局1976年版。

13. 周亮工：《闽小记》，上海古籍出版社1985年版。

14. 唐圭璋：《全宋词》，中华书局1965年版。

15. 彭定求等：《全唐诗》，中华书局1960年版。

16. 徐松：《宋会要集稿》，中华书局1957年版。

17. 苏轼：《苏东坡全集》，北京燕山出版社2009年版。

18. 苏轼：《苏轼诗集》，中华书局1992年版。

19. 徐珂：《清稗类钞》，中华书局1984年版。

20. 马端临：《文献通考》，中华书局1986年版。

21. 谢肇淛：《五杂俎》，辽宁教育出版社2001年版。

22. 臧晋叔：《元曲选》，中华书局1989年版。

23. 苑晓春：《茶叶生物化学》，中国农业出版社2014年版。

24. 方健：《中国茶书全集校正》，中州古籍出版社 2015年版。

25. 吴觉农：《中国地方志茶叶历史资料选辑》，农业出版社1990年版。

26. 张时彻：《珍本医籍丛刊》，中医古籍出版社2004年版。

27. 章穆：《调疾饮食辩》，中医古籍社1999年版。

28. 王士雄：《随息居饮食谱》，中国中医药出版社2022年版。

29. 朱自振：《中国茶叶历史资料续辑》，东南大学出版社1991年版。